嵌入式实时操作系统
原理与创新实践

李胜铭　卢湖川　王　栋　吴玉虎　吴振宇　编著

电子工业出版社·

Publishing House of Electronics Industry

北京·BEIJING

内 容 简 介

本书结合理论和实践，从源码出发，较全面地讲解 RT-Thread 的功能组件和实现原理。本书主要内容包含以下几个方面：嵌入式实时操作系统的基本概念、RT-Thread 的特性和配置方法、线程的使用及管理、软件定时器（包括 SOFT 定时器和 HARD 定时器）、各种 IPC 模块（包括消息队列、信号量、互斥量、邮箱、事件）、内存管理（内存堆与内存池）、CPU 利用率及其计算，最后使用一些模块设计了一个较为综合的工程实例。

本书在讲解 RT-Thread 内核结构和使用思路的同时，在每章末尾均设计了针对每个功能组件的实例供读者参考。本书的程序设计开发均基于 Keil-MDK 平台。

本书以培养读者对操作系统基本组成的理解、嵌入式软件开发能力为目标，将理论与实践相结合，适合作为高等院校计算机、自动化、电气工程、电子信息等专业嵌入式操作系统及相关课程的教材，还可供相关领域的工程技术人员学习、参考。

图书在版编目（CIP）数据

嵌入式实时操作系统原理与创新实践 / 李胜铭等编

著. -- 北京 ： 电子工业出版社，2024. 11. -- ISBN

978-7-121-49133-7

Ⅰ. TP316.2

中国国家版本馆 CIP 数据核字第 2024DD7296 号

责任编辑：张小乐 　　文字编辑：戴　新

印　　刷：涿州市京南印刷厂

装　　订：涿州市京南印刷厂

出版发行：电子工业出版社

　　　　　北京市海淀区万寿路 173 信箱　　邮编：100036

开　　本：787×1092　1/16　　印张：12　字数：307 千字

版　　次：2024 年 11 月第 1 版

印　　次：2024 年 11 月第 1 次印刷

定　　价：45.00 元

凡所购买电子工业出版社图书有缺损问题，请向购买书店调换。若书店售缺，请与本社发行部联系，联系及邮购电话：（010）88254888，88258888。

质量投诉请发邮件至 zlts@phei.com.cn，盗版侵权举报请发邮件至 dbqq@phei.com.cn。

本书咨询联系方式：（010）88254462，zhxl@phei.com.cn。

前　　言

随着物联网、智能家居、自动驾驶等领域技术的快速发展，社会对嵌入式操作系统人才的需求日益增长，嵌入式操作系统的应用越来越广泛。据权威部门不完全统计，我国嵌入式操作系统人才缺口每年达到数十万人，而具备嵌入式操作系统开发技能的人才更是供不应求。嵌入式操作系统涉及众多领域，如硬件设计、软件开发、网络通信等，需要跨学科的知识和技能。嵌入式操作系统是嵌入式系统的核心组成部分，负责管理嵌入式操作系统的硬件和软件资源，确保它们能够协同工作。通过学习嵌入式操作系统，读者可以将这些领域的知识进行融合和创新，开发出更具创新性和实用性的嵌入式应用产品。因此，深入理解嵌入式操作系统的工作原理和机制，掌握嵌入式操作系统开发的基本技能和方法，对于提升个人技能、增强职业竞争力、推动技术创新等都具有重要意义。

RT-Thread（Real Time-Thread）是一个优秀的国产嵌入式实时多线程操作系统，相较于 Linux 操作系统，它具有体积小、成本低、功耗低、启动快，以及实时性高、占用资源少等特点，非常适用于各种资源受限（如成本、功耗限制等）的场合。对于资源受限的微控制器（MCU）系统，RT-Thread 可通过方便易用的工具裁剪出极简版内核；而对于资源丰富的物联网设备，RT-Thread 提供了在线的软件包管理工具，可配合系统配置工具实现直观快速的模块化裁剪，无缝地导入丰富的软件功能包，实现图形界面及触摸滑动效果、智能语音交互效果等复杂功能。因此，本书基于该操作系统进行讲解。

本书的特色如下：

（1）为达到让读者快速入门的目的，笔者将各个功能模块单独成章，让读者根据需要选取所需内容来学习，由浅入深、重点突出，并在每章中提供实例，易于读者上手。

（2）为提高学习效率，笔者在较为复杂的模块讲解中使用流程图等进行描述，使读者能更快地理解模块的结构和运行原理。

（3）笔者对书中的程序代码进行了详细注释，并提供相应的代码文件、PPT 课件、配套视频教程与硬件实验平台，使读者能够通过实例复现更好地理解内容。

全书共 9 章，每章都作为独立的功能模块进行讲解，较全面地介绍了 RT-Thread 内核的基本原理和设计方法，主要内容如下。

第 1 章介绍嵌入式操作系统的基本概念和原理，列举了各种常用的嵌入式操作系统，引入 RT-Thread，并具体介绍 RT-Thread 内核在 STM32CubeMX 和 MDK 端的配置方法与流程。

第 2 章介绍 RT-Thread 中的线程，针对其具体的使用方法展开讲解，并对比静态线程、动态线程的优缺点和使用方法差异。同时，从线程的生命周期和状态迁移入手介绍多线程管理的方法。

第 3 章介绍 RT-Thread 的时间管理和中断，重点说明时钟 tick、线程时间片和延时、软件定时器（HARD 与 SOFT 两种定时器）的实现原理和使用方法，以及中断处理过程与中断延迟的机理。

第 4 章介绍首个 IPC（InterProcess Communication）模块——消息队列，详解其源码，使读者对其有一定理解，并能基本使用。

第 5 章针对信号量与互斥量展开介绍，并从优先级翻转和递归访问入手对比信号量和互斥量的区别。

第 6 章介绍事件和邮箱这两个 IPC 模块。

第 7 章介绍 RT-Thread 中的内存布局，并用内存堆、内存池两种方式阐述内存管理。

第 8 章介绍 CPU 利用率的概念和计算方法。

第 9 章通过综合实例，对 RT-Thread 综合开发进行一定程度的样例实现。

本书语言简明扼要、通俗易懂、案例清晰，以实例引导，实用性与专业性兼而有之，适合作为高等院校嵌入式操作系统及相关课程的教材。从事微控制器软件开发、嵌入式设计的初学者，通过学习本书可快速跨越嵌入式操作系统开发的门槛。对于参加全国大学生电子设计竞赛等科创竞赛的高校学生，本书也具有借鉴指导意义。

在本书编写过程中，卢湖川、王栋、吴玉虎、吴振宇分别承担了部分章节内容的编写及校核工作。李胜铭负责整体大纲的拟定及具体内容的编写，并进行最终整理与统稿。其学生兼好友黄竞楷为书中实例的验证做了大量工作，在此表示衷心的感谢！

本书的编写参考了大量近年来出版的相关著作、文献及技术资料，汲取了许多专家和同人的宝贵经验，在此向他们深表谢意。

由于嵌入式操作系统技术发展迅速，笔者学识有限，书中难免有不完善和不足之处，敬请广大读者批评指正。

编著者
2024 年 11 月

目　　录

第 1 章　概述

1.1　嵌入式实时操作系统的基本概念

1.1.1　什么是嵌入式实时操作系统

嵌入式实时操作系统定义如下：当出现外界事件或产生数据时，能够接受并以足够快的速度予以处理，其处理的结果又能在规定的时间内来控制生产过程或对处理系统做出快速响应，并控制所有实时任务协调一致运行的嵌入式操作系统。

对于操作系统，相信读者都不陌生，如 PC 端的 Windows、MacOS。嵌入式操作系统是操作系统的一个分支，再往下细分，嵌入式操作系统可以分为嵌入式实时操作系统（本书讲解的操作系统）与嵌入式非实时操作系统（如安卓、iOS 等）。下面从嵌入式设备的主要特点出发介绍嵌入式实时操作系统与其他操作系统的区别。

（1）嵌入式设备需要针对某具体应用场景进行紧凑的软硬件设计，其体积、成本都需要严格控制，如 STM32 系列单片机，其片内 RAM 与 Flash 一般只有几十或几百千字节。所以，嵌入式实时操作系统占用的存储空间不能太大，不能像通用计算机系统那样动辄几十吉字节。

（2）嵌入式设备常应用于控制实时性、可靠性要求非常高的场合。实时性，就是采样信号输入与控制信号输出的时间间隔必须很短；可靠性，就是系统无故障运行的能力。所以，嵌入式实时操作系统也需要有很强的实时性、可靠性（类似"程序无响应"、卡顿等情况都要尽量避免，甚至不被允许）。

1.1.2　嵌入式实时操作系统的功能

嵌入式软件系统的组成如下。

（1）底层驱动：连接硬件与软件的部分，将硬件的接口和通信封装成 API 供上层软件使用，也称为板级支持包（Board Support Package，BSP）或硬件抽象层（Hardware Abstract Layer，HAL）。如果要将工程移植到另一个硬件开发平台，只需改变底层驱动部分的代码。

（2）操作系统：完成整个软件系统的全部软硬件资源分配调度工作。

（3）应用程序：使用驱动及操作系统的 API 实现某个实际功能。

因此，嵌入式实时操作系统的主要功能如下。

（1）任务调度：操作系统将用户编写的每个应用程序视为线程，通过优先级、任务队列等方式对所有线程的运行来回切换。

（2）线程间通信：在线程之间传递信息，如信号量、消息队列。

（3）存储管理：对内存进行管理，提升内存使用效率，如对内存堆、内存池进行管理。

（4）时钟、中断管理：操作系统接管系统时钟（尤其是滴答定时器）及部分中断函数（如 PendSV）、中断栈等，并进行处理。

1.1.3　嵌入式实时操作系统的基本原理

嵌入式实时操作系统以线程调度为核心,在此基础上有定时器、线程间通信组件等模块,有些嵌入式实时操作系统还有丰富的外围组件,如 IoT 等。

嵌入式实时操作系统的任务运行单位是线程,系统会对线程的状态进行区分。一般情况下,线程拥有挂起、就绪、运行等基础的状态。当就绪的线程满足占有 CPU 的条件时(在抢占式实时操作系统中,这个条件是此线程在所有就绪线程中的优先级最高),调度器就会启用任务调度,切换线程。每个线程都拥有一个线程栈,当操作系统需要切换线程时,会将当前运行的线程上下文(运行环境和运行位置等)保存至本线程栈,从目标线程的线程栈中取出目标线程的上下文并应用至相关寄存器,实现线程与线程间的无缝衔接,不会像裸机开发那样,当重新切换回原来的任务时,需要从头开始运行任务代码。

1.2　常见嵌入式实时操作系统简介

1.2.1　μC/OS 简介

μC/OS 是 Micrium 公司开发的嵌入式实时操作系统,具有一个可移植、可固化、可裁剪、占先式多任务的开源实时内核,专为嵌入式应用设计,可用于 8 位、16 位和 32 位单片机或数字信号处理器(DSP)。目前已更新到 μC/OS-III 版本。

μC/OS 实时操作系统的主要特点如下。

(1)代码开源,能方便地将操作系统移植到各个不同的硬件平台上。

(2)可裁剪性,有选择地使用需要的系统服务,以减少所需的存储空间。

(3)占先式,完全是占先式的实时内核,即总是运行就绪条件下优先级最高的任务。

(4)最多可管理 64 个任务,任务的优先级必须是不同的,不支持时间片轮转调度。

(5)可确定性,函数调用与服务的执行时间具有可确定性,不依赖于任务的多少。

(6)实用性和可靠性高。

1.2.2　FreeRTOS 简介

FreeRTOS 是由 Real Time Engineers 公司开发的一个实时操作系统。作为一个轻量级的操作系统,其功能包括任务管理、时间管理、信号量管理、消息队列管理、内存管理、记录功能、软件定时器、协程管理等,可基本满足较小系统的需要。

FreeRTOS 的主要特点如下。

(1)FreeRTOS 是完全免费的操作系统,其操作系统内核文件代码量少,易于自定义修改和学习,通常情况下内核占用 4~9KB 的空间。

(2)具有简单、易用、强大的执行跟踪功能和堆栈溢出检测功能。

(3)任务数量和任务优先级没有限制,既支持优先级调度算法,又支持轮换调度算法。多个任务可以分配相同的优先级,支持队列、二进制信号量、计数信号灯、递归通信和优先级继承。

(4)应用广泛,目前已被成功移植到数十种不同的单片机(MCU)上。

1.2.3　RT-Thread 简介

RT-Thread 是上海睿赛德公司开发的一款国产嵌入式实时操作系统,具有组件完整丰富、可伸缩性强、开发简易、超低功耗、高安全性的特点,具体如下。

（1）完全开源,可以免费在商业产品中使用,并且不需要公开私有代码。

（2）资源占用率极低,超低功耗设计,最小内核（Nano 版本）仅需 1.2KB RAM、3KB Flash 的资源。

（3）组件丰富,具有繁荣发展的软件包生态。

（4）具有优质的可伸缩的软件架构,松耦合、模块化、易于裁剪和扩展。

（5）其内核有标准版、Nano、Smart 三个版本,其中 Nano 版本内核最小;标准版相比 FreeRTOS、µC/OS 等具有丰富的服务层组件;Smart 版本面向带有 MMU（Memory Management Unit,内存管理单元）的中高端芯片（如 ARM Cortex-A 系列嵌入式芯片）。因此,RT-Thread 实时操作系统针对性强、适用性强。

1.3　嵌入式实时操作系统的第一个实例

1.3.1　软硬件平台简介

1. STM32CubeMX

在单片机的软件开发中,单片机内部寄存器的数量和种类很多,为了避免直接面向寄存器开发,一般使用官方提供的库函数,并在此基础上进一步编程。对于 STM32 系列的单片机,常使用的函数库有 SPL（标准库）、HAL、LL。从 2015 年左右开始,ST 公司逐渐停止了对 SPL 的更新和维护,将重点转向了 HAL、LL 函数库。

后来,ST 公司开发出 STM32CubeMX,进一步简化了开发难度,使所有的 HAL、LL 的开发变得十分容易。具体来讲,STM32CubeMX 是一个图形化的软件配置工具,通过直观的时钟树配置、芯片引脚配置及模块化功能组件的一系列配置,就可以将寄存器初始化完毕的工程文件导出,大大提升了用户的开发效率。

2. MDK

MDK（Microcontroller Development Kit）是 ARM 公司在收购 Keil Software 公司后开发的针对 ARM 架构处理器的开发工具,Keil MDK 基于 µVision 界面为 ARM 处理器的开发提供了较为完善的 IDE（Keil Software 公司也制作了一款实时操作系统 RTX5,使用体验良好）。

Keil MDK 具有十分完善的 IDE 功能,包括:

（1）断点仿真调试、种类众多的仿真器兼容;

（2）大量项目例程可供参考;

（3）执行分析工具和性能分析器可使程序得到最优化;

（4）能方便导入各种中间件,如 RTOS、GUI、DSP 等软件包;

（5）各种厂商的微控制器,只要是 ARM 内核架构的,都能通过官方提供的软件包进行开发。

1.3.2　基于 STM32CubeMX 的 RT-Thread 基础实例

下面是从 STM32CubeMX 移植 RT-Thread 的操作步骤。

（1）获取并导入 RT-Thread。

① 打开 STM32CubeMX，单击 Help→Manage embedded software packages 命令，如图 1.1 所示。

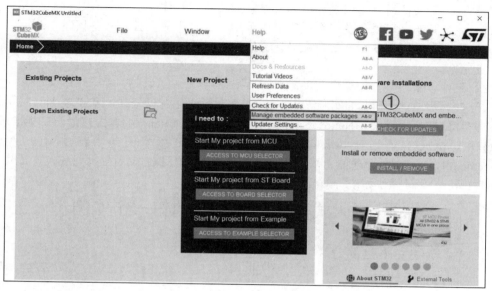

图 1.1　单击 Help→Manage embedded software packages 命令

② 在打开的对话框中单击 From Url 按钮。

③ 在打开的 User Defined Packs Manager 对话框中单击 New 按钮。

④ 在打开的对话框中输入网址。

⑤ 单击 Check 按钮。

⑥ 在检查通过后，单击 OK 按钮。步骤②～步骤⑥的操作如图 1.2 所示。

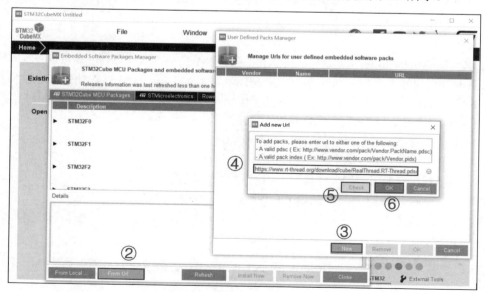

图 1.2　步骤②～步骤⑥的操作

⑦ 此时返回 User Defined Packs Manager 对话框，选中新增的选项。

⑧ 单击 OK 按钮，步骤⑦和步骤⑧的操作如图 1.3 所示。STM32CubeMX 自动连接服务器，获取包描述文件。

图 1.3　步骤⑦和步骤⑧的操作

⑨ 等待资源文件获取完毕，页面返回上一级，选择 RealThread 选项卡。

⑩ 在 RT-Thread 下拉列表中选择需要安装的版本（建议安装 3.1.5 版本）。

⑪ 单击 Install Now 按钮。步骤⑨～步骤⑪的操作如图 1.4 所示。

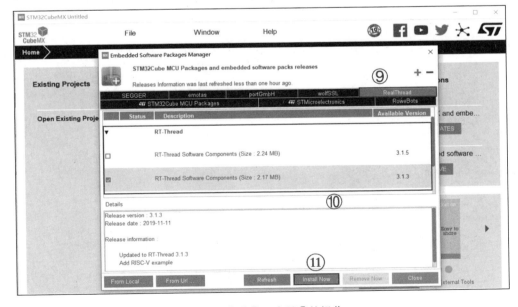

图 1.4　步骤⑨～步骤⑪的操作

⑫ 在打开的对话框中选中 I have read，and I agree to the terms of this license agreement 单选按钮。

⑬ 单击 Finish 按钮。步骤⑫和步骤⑬的操作如图 1.5 所示。

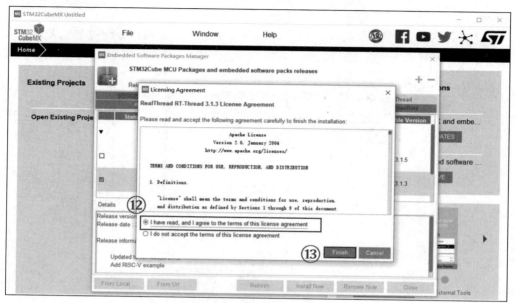

图 1.5　步骤⑫和步骤⑬的操作

⑭ 当对应版本前的方框中有填充颜色时，说明对应软件包安装完成，如图 1.6 所示。

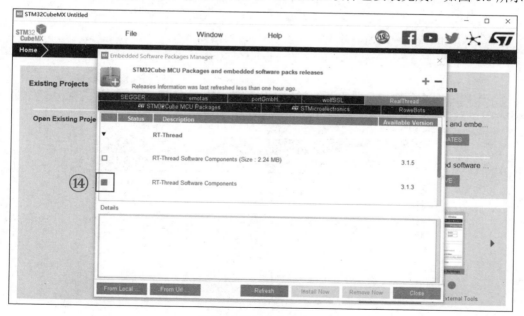

图 1.6　软件包安装完成

（2）STM32CubeMX 中的相关软件包安装完毕后，进行工程创建。相应外设按照用户的需求配置，下面进行 RT-Thread 的配置。

① 在图 1.7 所示的界面中选择 Select Components 选项，进入 Packs 选择配置界面。

图 1.7　选择 Select Components 选项

② 展开 RealThread. RT-Thread 选项，其中，RTOS kernel（内核）是必选选项，RTOS shell 和 RTOS device 外围配置选项暂时不选，如图 1.8 所示。

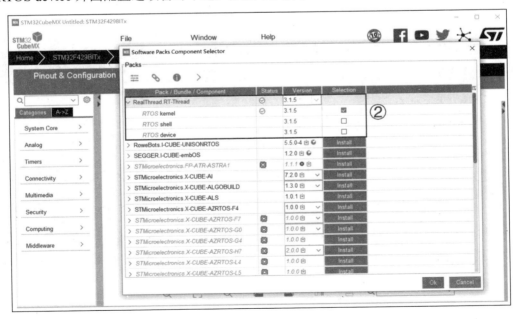

图 1.8　步骤②的操作

③ 在左侧选项栏展开 Software Packages 选项卡，选中 RT-Thread 选项，使能 RTOS kernel，如果没有特殊需求，参数可以保持默认，如图 1.9 所示。

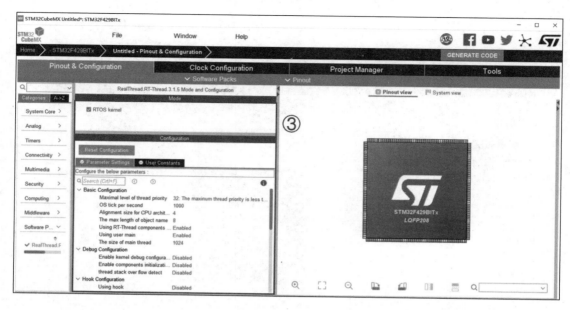

图 1.9　步骤③的操作

④（关键）在 NVIC 选项卡中将 Hard fault interrupt、Pendable request for service、Time base System tick timer 三者对应的 Generate IRQ handler 列的"√"去掉，如图 1.10 所示。因为 RT-Thread 的内核会接管这三个中断处理函数，使其专门为 RTOS 服务，所以要去掉 HAL 中定义的这三个函数，否则会造成重定义而报错。

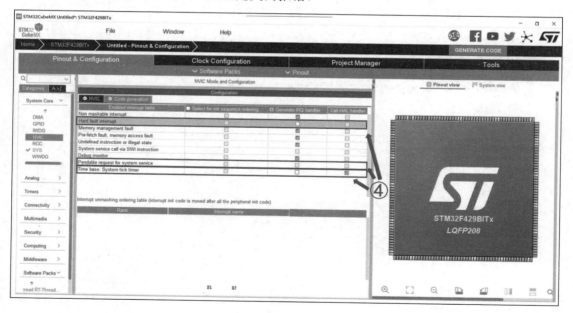

图 1.10　步骤④的操作

⑤（关键）在窗口左侧列表中选择 SYS 选项，右侧的 Timebase Source 选项默认为 SysTick，此处需要将它改成除 SysTick 外的任意一个定时器，如图 1.11 所示。

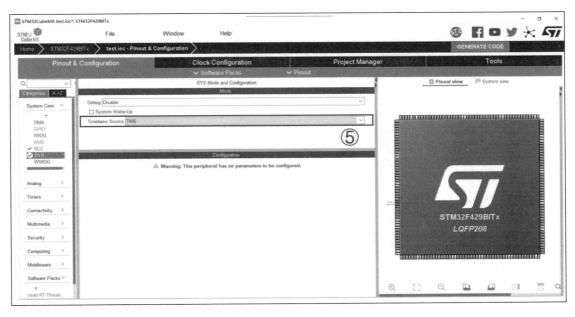

图 1.11　步骤⑤的操作

因为已将 SysTick 交给 RTOS 管理，所以 RTOS 会按照其内核更改 SysTick 的中断优先级，这样一来，SysTick 的中断很可能被抢占，在线程数量很多的情况下，这种抢占尤为明显，会造成 SysTick 的计时不再准确，甚至很久才会更新计数；HAL 若仍使用 SysTick，则库中如 HAL_Delay()等一些计时的函数会卡顿严重，甚至直接卡死，使系统稳定性下降。

⑥ 按照电路板上设计的串口对应引脚，开启相应串口，如图 1.12 所示，因为 RTOS 内核需要串口相关变量类型的声明。注意，如果不配置，则编译时会报错。

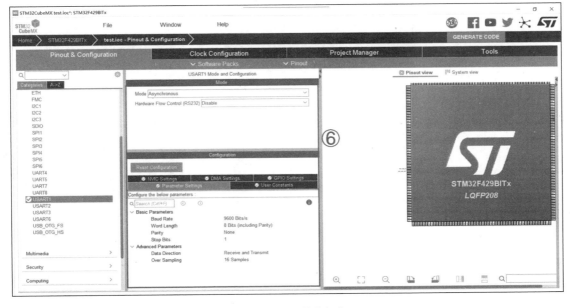

图 1.12　步骤⑥的操作

⑦ 完成步骤①～步骤⑥的操作并配置好需要的外设后，在STM32CubeMX中创建工程。打开MDK，RT-Thread自动在board.c文件中定义了RTOS使用的串口，如图1.13所示。RTOS默认将USART1作为使用的串口，按照刚才STM32CubeMX中配置的串口编号对这一行进行修改（如果在步骤⑥中配置的是USART1，则将这一行改为UartHandler.Instance = USART1）。

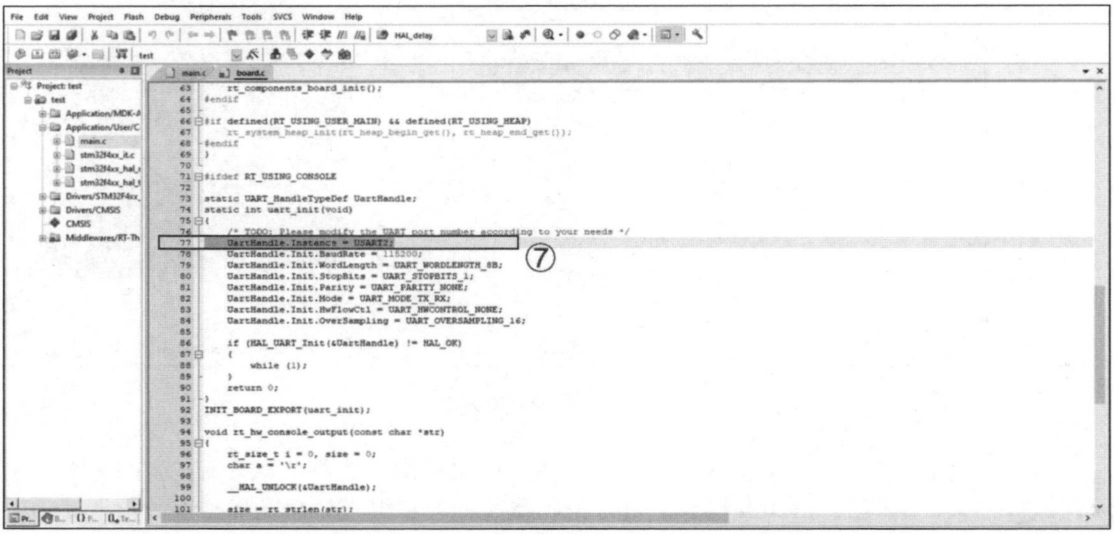

图 1.13　步骤⑦的操作

（3）在完成以上配置后，就可以进行应用层的编程了。对于该实例，在main()函数中编写LED闪烁程序，如图1.14所示。

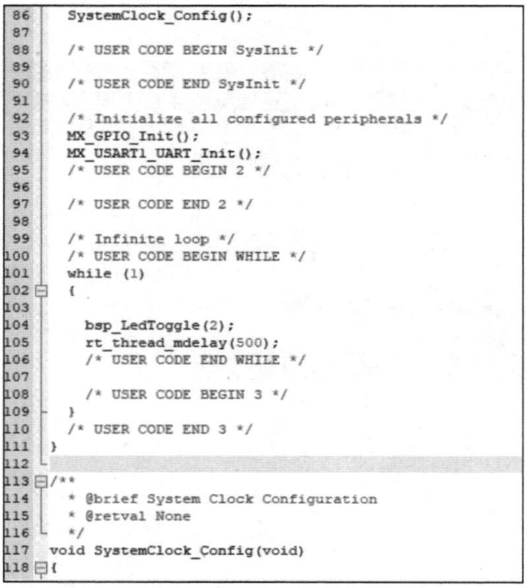

```c
  SystemClock_Config();

  /* USER CODE BEGIN SysInit */

  /* USER CODE END SysInit */

  /* Initialize all configured peripherals */
  MX_GPIO_Init();
  MX_USART1_UART_Init();
  /* USER CODE BEGIN 2 */

  /* USER CODE END 2 */

  /* Infinite loop */
  /* USER CODE BEGIN WHILE */
  while (1)
  {

    bsp_LedToggle(2);
    rt_thread_mdelay(500);
    /* USER CODE END WHILE */

    /* USER CODE BEGIN 3 */
  }
  /* USER CODE END 3 */
}

/**
  * @brief System Clock Configuration
  * @retval None
  */
void SystemClock_Config(void)
{
```

图 1.14　编写程序

在引用了 RT-Thread 后，main()函数被操作系统视为一个线程，并且由系统自动创建，因此无须手动创建 main 线程就可直接在 main 线程中实现自定的功能。

rt_thread_mdelay()是 RT-Thread 自带的延时函数，运行该函数时不会占用 CPU 进行阻塞式的延时，而是将本线程挂起，让出 CPU 资源，调度器会切换至系统的其他线程开始运行。因此，在需要使用延时时，尽量使用 rt_thread_mdelay()等函数。注意，此函数的声明在 rtthread.h 头文件中。

1.3.3 基于 MDK 的 RT-Thread 基础实例

下面是从 MDK 移植 RT-Thread 的操作步骤。

当使用第三方提供的工程或不使用 STM32CubeMX 创建工程时，使用 MDK 移植 RT-Thread 十分方便。

（1）如果没有 RT-Thread 软件包，则可以按下述方式在 MDK 中在线下载。

① 在 MDK 中单击 Pack Installer 按钮，如图 1.15 所示。

图 1.15 单击 Pack Installer 按钮

② 打开安装包对话框，在框选的位置下载所需版本的 RT-Thread 软件包，如图 1.16 所示。

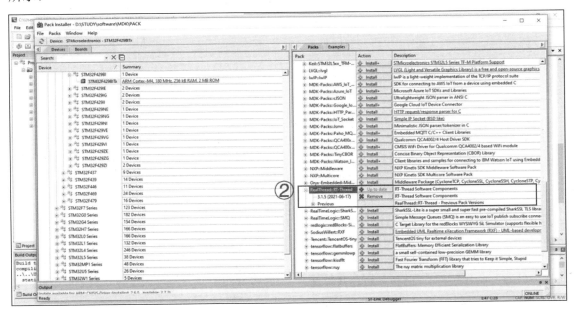

图 1.16 下载所需版本的 RT-Thread 软件包

（2）在 MDK 中配置 RT-Thread。

① 单击 Manage Run-Time Environment 按钮，如图 1.17 所示。

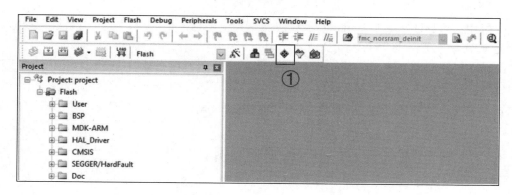

图 1.17　单击 Manage Run-Time Environment 按钮

② 在弹出的对话框中选中需要添加的配置（这里只添加内核），完成后单击 OK 按钮，如图 1.18 所示。

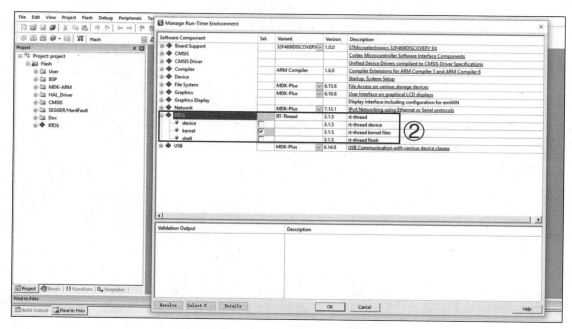

图 1.18　选中需要添加的配置

③ 因为 RT-Thread 会接管 HardFault_Handler()和 Pendsv_Handler()两个中断与异常处理函数，所以需要查找原工程中是否含有这两个函数，可以按 Ctrl+F 快捷键进行快速查找，在弹出的对话框中分别输入两个中断与异常处理函数的函数名，单击 Find in Files 按钮进行查找，如图 1.19 所示。在下方的查找结果中找出非 RTOS 内核文件中的两个函数，将函数体注释掉，或者在函数前加__weak 修饰符。

__weak 修饰符给函数体赋予"弱"属性。假如工程中存在一个带有__weak 修饰符的函数，那么用户还可以在工程中重新定义一个与之同名的函数，最终编译器编译的时候，会选择使用没有__weak 修饰符的函数，如果用户没有重新定义新的函数，那么编译器就会选择使用__weak 修饰符声明的函数进行编译。

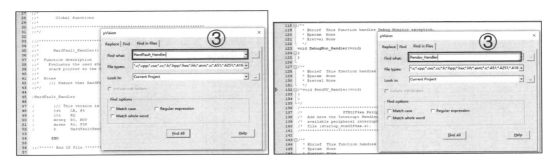

图 1.19　分别输入两个函数名进行查找

同样的，对 SysTick_Handler()函数也要进行类似的检查，确保只有 RTOS 内核才能调用 SysTick_Handler()函数。

④ 对初始化函数进行修改，如图 1.20 所示。HAL 的初始化、时钟 SysTick 的初始化都放在这里（因为此处是最早的初始化区域），也可添加 BSP 的初始化。注意，SysTick 的初始化需要按照图 1.20 修改参数，其中 RT_TICK_PER_SECOND 是 RT-Thread 内核定义的常量。

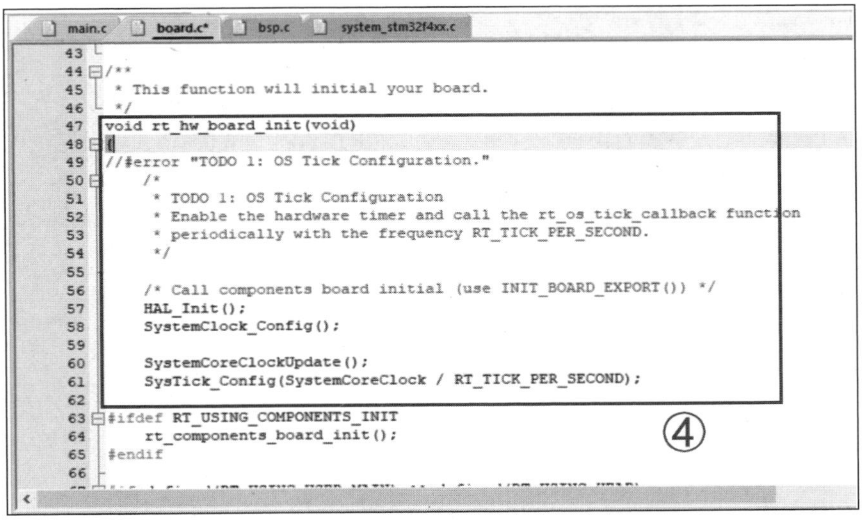

```
main.c    board.c*    bsp.c    system_stm32f4xx.c

43
44   /**
45    * This function will initial your board.
46    */
47   void rt_hw_board_init(void)
48   {
49   //#error "TODO 1: OS Tick Configuration."
50       /*
51        * TODO 1: OS Tick Configuration
52        * Enable the hardware timer and call the rt_os_tick_callback function
53        * periodically with the frequency RT_TICK_PER_SECOND.
54        */
55
56       /* Call components board initial (use INIT_BOARD_EXPORT()) */
57       HAL_Init();
58       SystemClock_Config();
59
60       SystemCoreClockUpdate();
61       SysTick_Config(SystemCoreClock / RT_TICK_PER_SECOND);
62
63   #ifdef RT_USING_COMPONENTS_INIT
64       rt_components_board_init();
65   #endif
66
```
④

图 1.20　对初始化函数进行修改

至此，完成对内核的配置。

1.3.4　关于 main()函数

在 1.3.2 小节中提到，main()函数是被作为一个线程看待的。同时，由 C 语言知识可知，C 程序都是从 main()函数开始执行并结束于 main()函数的。那么，有下面两个问题需要弄清楚。

（1）初始化为什么能够不在 main()函数中呢？

先观察一下整个操作系统的启动流程图，如图 1.21 所示。

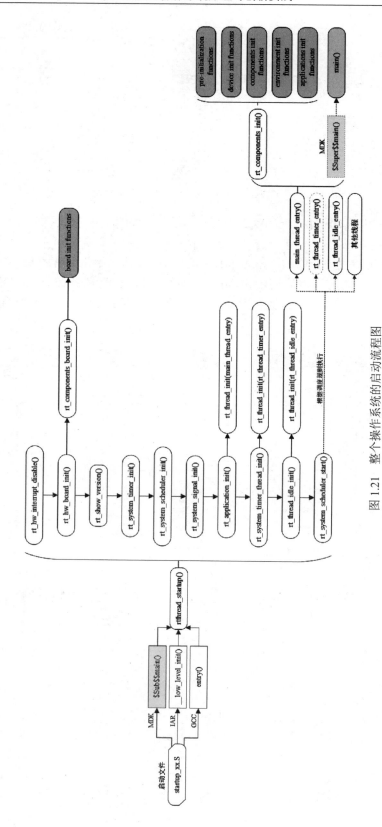

图 1.21 整个操作系统的启动流程图

在启动流程图中，对于 MDK 开发环境，在程序运行时首先进入Submain()函数。在 MDK 环境中，C 语言有如下扩展功能：对于某一函数 func()，如果某处有$Sub$$func()的定义与调用，则会将这个带$的函数作为 func()函数的入口，而不是 func()（当存在$Sub$$func()时，如果某处调用了 func()函数，那么当执行到该 func()函数时，不会从 func()完整的函数体开始执行，而是执行$Sub$$func()）；直到出现$Super$func()，从此处跳转回 func()函数，示例如代码 1.1 所示。

代码 1.1　main()函数扩展方式示例

```
void $Super$$main(void);
void $Sub$$main(void)
{
/*扩展代码*/
..............
/*结束扩展, 跳转回 main()*/
$Super$$main();
}
```

翻阅源码可以发现，包含初始化代码的 rt_hw_board_init()函数在 rtthread_startup()函数处被调用，而 rtthread_startup()函数的调用处如图 1.22 所示。

```
135   int rtthread_startup(void);
136
137 □#if defined(__CC_ARM) || defined(__CLANG_ARM)
138   extern int $Super$$main(void);
139   /* re-define main function */
140   int $Sub$$main(void)
141 □{
142       rtthread_startup();
143       return 0;
144  -}
145   #elif defined(__ICCARM__)
146   extern int main(void);
147   /* __low_level_init will auto called by IAR cstartup */
148   extern void __iar_data_init3(void);
149   int __low_level_init(void)
150 □{
151       // call IAR table copy function.
152       __iar_data_init3();
153       rtthread_startup();
154       return 0;
155  -}
156   #elif defined(__GNUC__)
157   /* Add -eentry to arm-none-eabi-gcc argument */
158   int entry(void)
159 □{
160       rtthread_startup();
161       return 0;
162  -}
163   #endif
164
```

图 1.22　rtthread_startup()函数的调用处

可以看出，系统初始化是利用$Sub$$main()扩展函数作为 main()函数的扩展代码来实现的，并且在源码中能发现，针对不同的开发环境（MDK、IAR、GCC），使用条件编译指令能够实现扩展函数的灵活应用，进而实现操作系统源码的可移植性。

（2）main()函数作为线程使用，体现在何处？

其实，启动流程图已经回答了这个问题：在 rt_application_init()函数中创建并初始化 main 线程，其线程入口函数如图 1.23 所示。

```
171
172    /* the system main thread */
173    void main_thread_entry(void *parameter)
174    {
175        extern int main(void);
176        extern int $Super$$main(void);
177
178 #ifdef RT_USING_COMPONENTS_INIT
179        /* RT-Thread components initialization */
180        rt_components_init();
181 #endif
182        /* invoke system main function */
183 #if defined(__CC_ARM) || defined(__CLANG_ARM)
184        $Super$$main(); /* for ARMCC. */
185 #elif defined(__ICCARM__) || defined(__GNUC__)
186        main();
187 #endif
188    }
```

图 1.23　main 线程的入口函数

1.4　rt_kprintf()函数

RT-Thread 通过自己的 rt_kprintf()函数，能够将一些信息通过串口发送出去。因此，在编程时要尽量选择 rt_kprintf()函数发送串口信息。下面介绍如何将自己的串口函数与 rt_kprintf()函数连接起来。

首先使能宏，如代码 1.2 所示。

代码 1.2　宏定义使能

```
#define RT_USING_CONSOLE
```

如果不使用设备（USING_DEVICE）输出，就使用 rt_hw_console_output()函数输出。在 board.c 文件中找到如代码 1.3 所示部分，读者可以在线框区域添加针对自己的开发板的串口输出代码。

代码 1.3　添加自定义串口输出代码

```
static int uart_init(void)
{
//#error "TODO 2: Enable the hardware uart and config baudrate."
    return 0;
}
INIT_BOARD_EXPORT(uart_init);

void rt_hw_console_output(const char *str)
{
//#error "TODO 3: Output the string 'str' through the uart."
    printf(str);
}
```

1.5　小结与思考

本章介绍实时操作系统的概念及基础知识，并演示在 STM32CubeMX 和 MDK 中的 RT-Thread 移植过程，这些内容需要读者动手实践以熟悉流程。

试思考:

① 实时操作系统与一般的操作系统有何异同?

② RT-Thread 的启动流程是怎样的?

③ 1.3.2 节中的实例使用 RT-Thread 自带的延时函数,文中说过这个延时函数不会占用 CPU 的资源,此函数是怎样实现的?

第2章　线程

2.1　线程的作用与创建

2.1.1　线程的作用

对于某个具体项目，开发者需要在程序中将总体方案分解为数个任务，如 LCD 显示、按键扫描、总线管理等，常常将这些具有一定功能的独立性的任务区分并封装，配置 RTOS，使其成为线程。线程是 RT-Thread 中最基本的调度单位，是具体任务的载体，应用在多任务系统中。在调度器的指挥下，使用线程使多任务系统有序且高效地运行，相比裸机编程提升了系统的实时性和稳定性。

2.1.2　线程的创建与初始化

（1）在 RT-Thread 中，一个具体的线程包含以下三部分内容。

① 线程主体函数。

线程主体函数是线程的主要运行内容。比如，某个线程需要控制引脚电平周期性翻转，那么就将电平翻转函数、延时函数等内容写进线程主体函数。

② 线程栈。

线程栈本质上是一个数据类型的变量。由于线程需要在调度器的统一控制下切换，故切换时的上下文就必须纳入管理范畴。线程的所有上下文数据（如寄存器等数据）都在线程栈中进行统一管理。

③ 线程控制块。

控制块相当于线程的身份证，集成了线程的所有控制信息，调度器通过线程控制块获取线程信息，以此进行线程控制。线程控制块包括线程主体函数的入口地址、线程名称、线程栈相关、优先级、内置定时器、时间片、线程状态、链表节点头、对象相关等内容。

线程的创建与初始化过程实质上就是将线程的所有信息都传递并赋值给线程控制块。

（2）线程的创建和初始化分为三个步骤。

① 线程功能的定义（线程主体函数）。

根据线程的任务内容，定义一个线程的主体函数。若希望线程只执行一次（如负责创建其他线程的任务等），则不定义死循环；若需要它周期或触发式执行，则需要定义死循环。比如，main 线程由系统自动创建，可以在 main 线程中创建并初始化其他线程，此时 main 线程只需运行一次，无须定义死循环。

② 线程栈与线程控制块的定义、线程属性的确定。

对于静态线程，定义全局变量作为线程栈（rt_uint8_t 类型的数组）与线程控制块（struct rt_thread 类型）是必需的；而对于动态线程，线程控制块与线程栈由线程创建函数申请动态内存，自动创建。

线程属性，就是由用户自定义的一些能够指导调度器对线程控制方式进行设置的参数，如线程名称、线程参数、线程栈大小、优先级及时间片等，这些属性需要用户根据自己对线程的设计和安排（如重要性、运行周期等）进行设置。

③ 调用初始化函数。

对于静态线程，创建和初始化函数为 rt_thread_init()；对于动态线程，创建和初始化函数为 rt_thread_create()。

2.1.3　静态线程与动态线程

在 RT-Thread 中，按照线程的创建和初始化不同可以将线程分为静态线程与动态线程。

（1）静态线程。

静态线程的创建和初始化使用的是 rt_thread_init()函数，其头部如代码 2.1 所示。

代码 2.1　rt_thread_init()函数头部

```
rt_err_t rt_thread_init(struct rt_thread *thread,        ①
                        const char       *name,          ②
                        void (*entry)(void *parameter),  ③
                        void             *parameter,      ④
                        void             *stack_start,    ⑤
                        rt_uint32_t       stack_size,     ⑥
                        rt_uint8_t        priority,       ⑦
                        rt_uint32_t       tick)           ⑧
```

① thread：线程控制块，在 RT-Thread 中，线程控制块作为一个结构体，其结构体类型为"struct rt_thread"。

② name：线程的名称（在对象管理中会用到）。

③ entry：线程主体函数句柄。

④ parameter：线程参数，若没有，就定义为"RT_NULL"。

⑤ stack_start：线程栈的起始地址。

⑥ stack_size：线程栈的大小，一般可以使用"sizeof(stack_start)"表示。

⑦ priority：线程的优先级，范围为 0～255，数值越小，优先级越高。

⑧ tick：时间片大小，当同一个优先级中有多个线程就绪时，能够规定线程轮换执行时间，用 tick 表示（tick 为系统时钟计时数）。

（2）动态线程。

动态线程的创建和初始化使用的是 rt_thread_create()函数，其头部如代码 2.2 所示。

代码 2.2　rt_thread_create()函数头部

```
rt_thread_t rt_thread_create(const char *name,            ①
                             void (*entry)(void *parameter),  ②
                             void       *parameter,        ③
                             rt_uint32_t stack_size,       ④
                             rt_uint8_t  priority,         ⑤
                             rt_uint32_t tick)             ⑥
```

① name：线程的名称。

② entry：线程主体函数句柄。

③ parameter：线程参数，若没有，就定义为 RT_NULL。

④ stack_size：线程栈的大小。

⑤ priority：线程的优先级。

⑥ tick：时间片大小。

（3）创建静态线程与动态线程的区别。

不难看出，在函数形参的数量方面，静态线程与动态线程的创建有较大区别；事实上不光如此，接下来从两者的函数体中进一步分析它们的区别。

动态线程的函数体内容如代码 2.3 所示。

代码 2.3　rt_thread_create()函数内容

```
rt_thread_t rt_thread_create(const char *name,
                             void (*entry)(void *parameter),
                             void       *parameter,
                             rt_uint32_t stack_size,
                             rt_uint8_t  priority,
                             rt_uint32_t tick)
{
    struct rt_thread *thread;
    void *stack_start;

    thread = (struct rt_thread *)rt_object_allocate(RT_Object_Class_Thread,name);    ①
    if (thread == RT_NULL)
        return RT_NULL;

    stack_start = (void *)RT_KERNEL_MALLOC(stack_size);    ②
    if (stack_start == RT_NULL)
    {
        /* allocate stack failure */
        rt_object_delete((rt_object_t)thread);

        return RT_NULL;
    }

    _rt_thread_init(thread,
                name,
                entry,
                parameter,
                stack_start,
                stack_size,
                priority,
                tick);

    return thread;
}
```

静态线程的函数体内容如代码 2.4 所示。

代码 2.4　rt_thread_init()函数内容

```
rt_err_t rt_thread_init(struct rt_thread *thread,
                        const char       *name,
                        void (*entry)(void *parameter),
                        void             *parameter,
                        void             *stack_start,
                        rt_uint32_t      stack_size,
                        rt_uint8_t       priority,
                        rt_uint32_t      tick)
{
    /* thread check */
    RT_ASSERT(thread != RT_NULL);
    RT_ASSERT(stack_start != RT_NULL);

    /* initialize thread object */
    rt_object_init((rt_object_t)thread, RT_Object_Class_Thread, name);   ①

    return _rt_thread_init(thread,
                        name,
                        entry,
                        parameter,
                        stack_start,
                        stack_size,
                        priority,
                        tick);
}
```

请读者将视线聚焦于线框部分。

① 为线程申请动态内存。这里第一次出现了"object"的概念。在为线程控制块申请内存时，为什么函数名称中有"object"？在 RT-Thread 中，绝大部分内核设施都被视为"对象"，通过一个名为"对象容器"的列表（实际上是一个链表数组，每一条链表都被存储在一个对应的数组成员中）进行管理，方便用户对内核对象进行管理。对于线程控制块结构体，其前四项内容（name、type、flag 和 list）与对象信息结构体的前四项内容一致，可以通过动态申请并初始化对象的方法先对对象信息进行处理，再通过"（struct rt_thread*）"进行结构体指针强制转换，完成线程结构体的创建与对象信息的初始化。

② 为线程栈申请动态内存。

从存储位置与程序内容上看，动态线程与静态线程的主要区别就在于线程控制块与线程栈是否是从内存堆中创建的。静态线程的线程栈与线程控制块是全局变量，而动态线程的线程栈与线程控制块是从内存堆中分配的动态内存变量。

由程序设计知识可知，全局变量的生命周期伴随着程序的整个执行过程，如果需要在程序的某运行时刻删除线程，那么对于静态线程来说，其占用的内存资源并不会被释放，在系统内存资源较少的情况下，这是不理想的。事实上，在 RT-Thread 中，静态线程也确实无法被删除，而只能使其脱离线程队列；而动态线程被删除时，在脱离线程队列的基础上，会释放其占用的动态内存，为了提升系统效率，其动态内存将在空闲线程中释放。另外，对于动态线程来说，由于其创建时需要向系统申请动态内存资源，因此在创建过程中，尤其在使用外部内存的情况下，初始化所需时间较多，执行效率下降。

接下来比较两者的返回值。动态线程若成功创建并初始化，则返回值为线程控制块地址"rt_thread_t"；若创建失败，则返回值为"RT_NULL"。静态线程若成功创建并初始化，则返回值为"RT_EOK"；若创建失败，则返回值是错误码"rt_err_t"。对于动态线程，在创建时没有做任何内存定义，而是依赖 rt_thread_create()函数，开发者告诉该函数需要这个线程拥有怎样的属性，数据内存空间的申请完全交给了函数；对于静态线程，开发者在调用rt_thread_init()函数前就定义了线程控制块和线程栈的全局变量，只需要该函数告诉开发者初始化是否成功。

（4）为何命名为"静态线程"与"动态线程"。

线程是"静态线程"还是"动态线程"，其标记信息在对象类型处。

对于动态线程，对象初始化在 rt_object_allocate()（代码 2.3 的①处）函数中，如代码 2.5 所示。

代码 2.5　rt_object_allocate()函数内容

```
rt_object_t rt_object_allocate(enum rt_object_class_type type, const char *name)
{
    struct rt_object *object;
    register rt_base_t temp;
    struct rt_object_information *information;

    RT_DEBUG_NOT_IN_INTERRUPT;

    /* 获取对象信息*/
    information = rt_object_get_information(type);
    RT_ASSERT(information != RT_NULL);

    object = (struct rt_object *)RT_KERNEL_MALLOC(information->object_size);
    if (object == RT_NULL)
    {
        /* no memory can be allocated */
        return RT_NULL;
    }

    /* 清理对象内存数据*/
    rt_memset(object, 0x0, information->object_size);

    /* initialize object's parameters */

    /* 设置对象类型*/
    object->type = type;

    /* 设置对象标记*/
    object->flag = 0;
```

```
/* 设置名称*/
rt_strncpy(object->name, name, RT_NAME_MAX);

RT_OBJECT_HOOK_CALL(rt_object_attach_hook, (object));

/* 禁用中断*/
temp = rt_hw_interrupt_disable();

/* 将对象插入至对象信息列表*/
rt_list_insert_after(&(information->object_list), &(object->list));

/* 启用中断*/
rt_hw_interrupt_enable(temp);

/* 返回对象地址*/
return object;
}
```

如代码 2.5 线框中所示，对象类型被直接赋予 RT_Object_Class_Thread，即"线程"。

对于静态线程，初始化在 rt_object_init()（代码 2.4 的①处）函数中，如代码 2.6 所示。

代码 2.6　rt_object_init()函数内容

```
void rt_object_init(struct rt_object          *object,
                    enum rt_object_class_type type,
                    const char                *name)
{
    register rt_base_t temp;
    struct rt_list_node *node = RT_NULL;
    struct rt_object_information *information;

    /* 获取对象信息 */
    information = rt_object_get_information(type);
    RT_ASSERT(information != RT_NULL);

    /* 检查对象类型以避免重新初始化 */

    /* 进入临界段 */
    rt_enter_critical();
    /* 寻找对象 */
    for (node  = information->object_list.next;
            node != &(information->object_list);
            node  = node->next)
    {
        struct rt_object *obj;

        obj = rt_list_entry(node, struct rt_object, list);
        if (obj) /* 禁用调试时跳过警告 */
        {
            RT_ASSERT(obj != object);
        }
```

```
    }
    /* 离开临界段 */
    rt_exit_critical();

    /* 初始化参数 */
    /* set object type to static */
    object->type = type | RT_Object_Class_Static;
    /* 复制对象名称 */
    rt_strncpy(object->name, name, RT_NAME_MAX);

    RT_OBJECT_HOOK_CALL(rt_object_attach_hook, (object));

    /*禁用中断 */
    temp = rt_hw_interrupt_disable();

    /* 在对象信息列表中插入对象 */
    rt_list_insert_after(&(information->object_list), &(object->list));

    /* 启用中断 */
    rt_hw_interrupt_enable(temp);
}
```

对象类型在普通的 **RT_Object_Class_Thread** 基础上与 **RT_Object_Class_Static**（值为 0x80 的常量）进行了或运算，相当于在"线程"类型的基础上标记了"静态"；与之相应，普通线程类型被命名为"动态"，其名由此而得。

这个"静态"标记在一些与线程相关的函数中会被用到（如后面的线程关闭函数）。

2.1.4　线程的启动

不论是静态线程，还是动态线程，在初始化后都只是将线程的所有信息汇总至线程控制块，这时线程控制块就具有能供调度器查找、调度任务的能力，但实际上，还需要将线程链表节点插入线程的就绪列表，才能真正将线程启动，调度器才能"看见"该线程。

1. 调度原理

调度器通过一个名为 rt_thread_priority_table[]（线程优先级表）的链表数组及 rt_thread_ready_priority_group（线程就绪优先级组）的 32 位变量调用就绪线程。下面介绍调度器的调度原理。

从代码 2.7 中可以看出，线程优先级表是一个链表数组，RT_THREAD_PRIORITY_MAX 的取值范围是 8～256，代表线程优先级可取的范围；线程就绪优先级组是一个普通的 32 位无符号整数。

代码 2.7　线程优先级表与线程就绪优先级组的定义

```
rt_list_t rt_thread_priority_table[RT_THREAD_PRIORITY_MAX];
rt_uint32_t rt_thread_ready_priority_group;
```

先介绍链表的数据结构。

结构体内部引用自身结构体类型的指针，在编译时，由于在同一个系统中指针的字节数是确定的，因此结构体存储字节的大小也是确定的，编译不会报错，那么这样的做法是可行的。

再来介绍一下 RT-Thread 中的双向链表，如代码 2.8 所示。一般的双向链表节点都包含三个信息：上一个节点的地址、下一个节点的地址，以及当前节点的数据。在 RT-Thread 中，链表作为线程控制块数据的一部分，链表的数据全都向外交给线程控制块，所以链表中的内容只有上一个、下一个的节点地址。

代码 2.8　双向链表数据定义

```
struct rt_list_node
{
    struct rt_list_node *next;                          /* 指向下一个节点. */
    struct rt_list_node *prev;                          /* 指向上一个节点. */
};
typedef struct rt_list_node rt_list_t;                  /*定义名称. */
```

对于线程优先级表来说，其内部结构如图 2.1 所示。

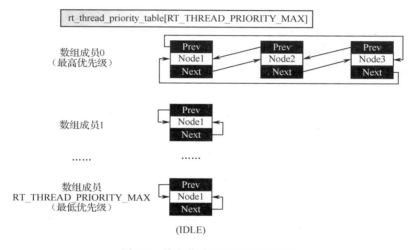

图 2.1　线程优先级表的内部结构

假设有多个线程优先级为 0，那么此时在线程优先级表中，数组成员 0 这条双向链表上会挂载多个就绪线程的节点，首尾相连构成闭环，这样的结构便于调度器查找线程，提高效率。

而最低优先级的链表，用户一般不向内插入链表节点，因为系统在这个优先级中会自动加入空闲线程（IDLE），用于在 CPU 空闲时进行清理内存等工作。

对于调度器来说，每当线程优先级表发生改变时，都需要进行调度操作，而实时操作系统调度操作的时间要尽量少才能保证运行效率，比如，在内核文件中随处可见的 register 声明，都是为了使内核运行效率最大化，如图 2.2 所示。

```
void rt_system_scheduler_init(void)           void rt_system_scheduler_start(void)
{                                             {
    register rt_base_t offset;                    register struct rt_thread *to_thread;
                                                  register rt_ubase_t highest_ready_priority;
```

图 2.2　内核文件中的 register 声明下的变量示例

使用 register 提升了硬件访问的速度，但线程查询时的速度该如何提升？如果每次系统调度时，调度器都需要按线程优先级表中优先级由大到小的顺序对每个链表一一进行检索，那么将使调度效率大大降低。有什么办法能快速定位"哪个链表在当前拥有就绪线程且优先级最高"？此处，线程就绪优先级组发挥了作用。

前文提到，线程就绪优先级组是一个 32 位变量，每一位的"0""1"对应着相应位的线程优先级表中的"无就绪线程""有就绪线程"。比如，目前用户线程中只有优先级为 1 的若干线程与优先级为 15 的若干线程处于就绪状态，那么线程优先级组的第 1 位、第 15 位、第 31 位会被置 1（空闲线程始终处于就绪状态），其他位都为 0，这样一来就可以通过 __rt_ffs(rt_thread_ ready_priority_group)快速查找函数，能够定位当前所有非空就绪线程链表中优先级码最小（优先级最高）的那一个。观察赋值过程能够发现，线程就绪优先级组中的位或赋值与初始化函数中给出的优先级间存在左移运算的关系，所以在线程控制块结构体中，有多个优先级数据以满足不同场合的需要，如 current_priority 与 number_mask，后者（优先级掩码）就是将 1 左移前者（当前优先级）位数。

线程调度主要分为线程查找与上下文切换两步。线程查找过程已在前文中说明，上下文切换过程通过 rt_hw_context_switch_interrupt()函数（在 context_rvds.s 文件中，汇编代码）实现。线程调度大致流程如图 2.3 所示。

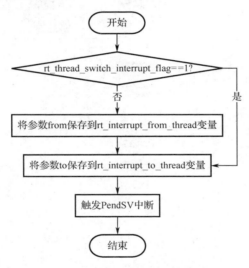

图 2.3　线程调度大致流程

调度的实质就是将上一个线程与下一个线程的线程栈指针进行记录并传递，最终通过触发 PendSV 中断辅助上下文切换。

下面介绍 rt_schedule()函数，此函数用于系统调度，即调用后就能进行抢断式的线程切换，广泛用于系统内核，其内容如代码 2.9 所示。

代码 2.9　rt_schedule()函数内容

```
void rt_schedule(void)
{
    rt_base_t level;
    struct rt_thread *to_thread;
    struct rt_thread *from_thread;
```

```
    /* 关闭中断 */
    level = rt_hw_interrupt_disable();

    /* 检查调度器是否被启用 */
    if (rt_scheduler_lock_nest == 0)
    {
        register rt_ubase_t highest_ready_priority;

#if RT_THREAD_PRIORITY_MAX <= 32
        highest_ready_priority = __rt_ffs(rt_thread_ready_priority_group) - 1;
#else
        register rt_ubase_t number;

    number = __rt_ffs(rt_thread_ready_priority_group) - 1;
    highest_ready_priority = (number << 3) + __rt_ffs(rt_thread_ready_table[number]) - 1;
#endif

        /* 获得目标线程的控制块 */
        to_thread = rt_list_entry(rt_thread_priority_table[highest_ready_priority].next,
                            struct rt_thread,
                            tlist);

        /* 如果目标线程与当前线程不一致 */
        if (to_thread != rt_current_thread)
        {
            rt_current_priority = (rt_uint8_t)highest_ready_priority;
            from_thread         = rt_current_thread;
            rt_current_thread   = to_thread;

            RT_OBJECT_HOOK_CALL(rt_scheduler_hook, (from_thread, to_thread));

            /* 切换到新的线程（目标线程） */
            RT_DEBUG_LOG(RT_DEBUG_SCHEDULER,
                        ("[%d]switch to priority#%d "
                        "thread:%.*s(sp:0x%p), "
                        "from thread:%.*s(sp: 0x%p)\n",
                        rt_interrupt_nest, highest_ready_priority,
                        RT_NAME_MAX, to_thread->name, to_thread->sp,
                        RT_NAME_MAX, from_thread->name, from_thread->sp));
#ifdef RT_USING_OVERFLOW_CHECK
            _rt_scheduler_stack_check(to_thread);
#endif

            if (rt_interrupt_nest == 0)
            {
                rt_hw_context_switch((rt_ubase_t)&from_thread->sp,
                                (rt_ubase_t)&to_thread->sp);

                /* 启用中断 */
```

①

②

```
            rt_hw_interrupt_enable(level);

            return ;
        }
        else
        {
            RT_DEBUG_LOG(RT_DEBUG_SCHEDULER, ("switch in interrupt\n"));

            rt_hw_context_switch_interrupt((rt_ubase_t)&from_thread->sp,
                                    (rt_ubase_t)&to_thread->sp);
        }
    }
}

    /* 启用中断 */
    rt_hw_interrupt_enable(level);
}
```

代码段①: 查找当前优先级最高的就绪线程链表, 并从链表中提取当前需要运行的线程。

代码段②: 记录转换前后两个线程的信息并开启上下文切换。

2. 启动线程

在创建与初始化线程后, 需要统一调用一个启动函数, 如代码 2.10 所示, 参数如表 2.1 所示。

代码 2.10   rt_thread_startup() 函数内容

```
rt_err_t rt_thread_startup(rt_thread_t thread)
{
    /* thread check */
    RT_ASSERT(thread != RT_NULL);
    RT_ASSERT((thread->stat & RT_THREAD_STAT_MASK) == RT_THREAD_INIT);      ①
    RT_ASSERT(rt_object_get_type((rt_object_t)thread) == RT_Object_Class_Thread);

    /* set current priority to initialize priority */
    thread->current_priority = thread->init_priority;

    /* calculate priority attribute */
#if RT_THREAD_PRIORITY_MAX > 32
    thread->number      = thread->current_priority >> 3;            /* 5bit */
    thread->number_mask = 1L << thread->number;                                ②
    thread->high_mask   = 1L << (thread->current_priority & 0x07);  /* 3bit */
#else
    thread->number_mask = 1L << thread->current_priority;
#endif

    RT_DEBUG_LOG(RT_DEBUG_THREAD, ("startup a thread:%s with priority:%d\n",
```

```
                                                       thread->name, thread->init_priority));
    /* change thread stat */
    thread->stat = RT_THREAD_SUSPEND;
    /* then resume it */
    rt_thread_resume(thread);
    if (rt_thread_self() != RT_NULL)
    {
        /* do a scheduling */
        rt_schedule();
    }

    return RT_EOK;
}
```
③

表 2.1　rt_thread_startup()函数的参数及含义

参　　数	含　　义
thread	需要启动的线程控制块的地址

代码段①：确认当前需要启动的线程非空，并且已经完成初始化，再次确认这个对象是线程。

代码段②：优先级信息处理，得到优先级数据的掩码。

代码段③：先将线程挂起，再通过 rt_thread_resume()函数将线程插入就序列表并设置状态为就绪状态。因为整个过程影响并改变线程就绪优先级组与线程优先级表，所以最后进行系统调度，这是实时调度的需要。

2.1.5　单线程实例

线程的初始化可以放在很多地方。在 1.3.4 节介绍了整个操作系统的启动流程，在系统内核初始化中，有一个 rt_application_init()函数，此函数进行了 main 线程的初始化，使得main()函数不再作为整个程序的中心，而是作为内核的一个线程。此处可以将自定义线程的初始化和 main 线程的初始化放在一起，即在 rt_application_init()函数中（事实上，线程初始化也可以放在 rt_system_timer_thread_init()和 rt_thread_idle_init()等函数中）。同时，由于 main线程具有特殊性，其主要功能基本上不在 main 线程中实现，而是用自定义线程来实现相关功能，因此也可以将自定义线程及各 IPC 模块的初始化放在 main 线程中。本节的实例也将在 main 线程中初始化自定义线程。

下面以实现 LED 的 200ms 闪烁功能，并设置线程优先级为 2、时间片为 0（因为单个线程时间片不起作用，所以可以随便设置）为例，首先介绍静态线程的创建与启动实例，如代码 2.11 所示。

代码 2.11　静态线程的创建与启动实例

```
struct rt_thread led_thread;
rt_uint8_t LED_THREAD_STACK[512];

/*创建线程*/
void led_thread_entry(void *arg)
```

```
{
    while(1)
    {
        bsp_LedToggle(2);
        rt_thread_mdelay(200);
    }
}
int main(void)
{
    rt_err_t thread1_status;
    thread1_status=rt_thread_init(&led_thread,"LED",led_thread_entry,RT_NULL,
LED_THREAD_STACK, sizeof(LED_THREAD_STACK), 2, 0);
    if(thread1_status == RT_EOK)
    {
        rt_kprintf("thread LED create successfully");
        rt_thread_startup(&led_thread);
    }else{
        rt_kprintf("thread LED create failed");
    }
}
```

对于自定义线程，开发者需要手动创建线程控制块与线程栈。因此，在 main 线程主体外需要进行如下定义。

① 线程主体 led_thread_entry()。由于线程需要反复执行，故需要一个死循环，并启用 rt_thread_mdelay()函数以实现延时期间线程的调度。此处需要注意必须加上参数，并且是空指针类型，因为空指针方便任何形式的数据指针传入，兼容性好。

② 线程控制块 rt_thread led_thread。

③ 线程栈 LED_THREAD_STACK[512]，栈一般赋值 512 就可以了，如果系统资源比较紧张，也可以适当设置得小一些，但最好不要小于空闲线程的线程栈大小。

初始化在 main 线程主体中进行，此处在 main()函数中进行。按照之前讲的流程，对于静态线程，需要调用 rt_thread_init()进行初始化，因为返回的是错误码，所以需要在初始化后加入 RT_ASSERT(thread1 == RT_EOK)判断是否初始化成功，最后调用 rt_thread_startup()启动线程。

再来看看动态线程的创建与启动实例，如代码 2.12 所示。

代码 2.12　动态线程的创建与启动实例

```
#define LED_THREAD_STACK_SIZE 512
void led_thread_entry(void *arg) /*创建线程*/
{
    while(1)
    {
        bsp_LedToggle(2);
        rt_thread_mdelay(200);
    }
}
int main(void)
{
```

```
    rt_thread_t thread1;
thread1=rt_thread_create("LED",led_thread_entry,RT_NULL,LED_THREAD_STACK_SIZE,2,0);
    if(thread1 != RT_NULL)
    {
        rt_kprintf("thread LED create successfully");
        rt_thread_startup(thread1);
    }else{
        rt_kprintf("thread LED create failed");
    }
}
```

与静态线程不同的是，动态线程无须定义线程栈与线程控制块，只需要定义线程函数主体 led_thread_entry。在 main()函数中，调用 rt_create()函数完成线程的创建与初始化，由于函数返回线程栈指针，故判断函数需要修改为判断是否初始化成功（thread1!=RT_NULL），最后调用 rt_thread_startup(thread1)完成线程的启动。

2.2　线程的管理

2.2.1　线程的状态迁移与常见的线程函数

按照线程的生命周期阶段进行划分，可以将线程状态分为初始、就绪、运行、挂起、关闭五个状态，它们之间的转换过程与方式如图 2.4 所示。

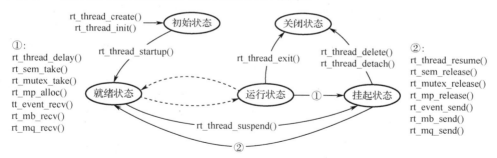

图 2.4　线程状态之间的转换过程与方式

→初始状态（INIT）：

这个过程实际上是线程的创建与初始化过程。对于静态线程，调用 rt_thread_init()函数；对于动态线程，调用 rt_thread_create()函数。此过程在 2.1 节已有完整阐述，不再赘述。

初始状态（INIT）→就绪状态（READY）：

这个过程相当于线程的启动过程，调用 rt_thread_startup()启动函数时，启动函数将此线程的链表节点插入线程优先级表，同时将线程设置为就绪状态。

就绪状态（READY）↔运行状态（RUNNING）：

当线程处于就绪状态时，线程的链表节点被置于线程优先级表中，能够被调度器察觉并转换至运行状态，被 CPU 执行。当更高优先级线程进入就绪列表，或者当前线程时间片结束时，当前线程就会从运行状态退回至就绪状态。

运行状态（RUNNING）→挂起状态（SUSPEND）：

进入挂起状态的线程一般在等待某件事的完成（此时会将线程链表节点从线程优先级表中除去），换句话说，那一件需要等待完成的事对于此线程的继续运行是必需的。所以，同样是让出了 CPU 资源，挂起状态与就绪状态的区别就在于线程是否具有继续运行的条件，如果具有，就是就绪状态，反之是挂起状态。线程一般会等哪些事呢？我们之前说过的延时就是一类，此外还有信号量（semaphore）、互斥量（mutex）读取，内存池（memory pool）申请，邮箱（message box）、事件（event）、消息队列（message queue）读取，线程在需要这些信息时便会挂起，直到接收信息。

就绪状态（READY）↔挂起状态（SUSPEND）：

一般情况下，线程切换至挂起状态前处于运行状态，运行至某个需要等待的命令后挂起。有时需要手动挂起线程，此时可以通过手动调用 rt_thread_suspend()函数挂起线程；在需要重新启用线程时，调用 rt_thread_resume()函数恢复线程的就绪状态。比如，搬运机器人识别货物二维码的线程并不是全程都需要运行的，在每个阶段适时地就绪和挂起能够提高系统的运行效率。同样的，除 rt_thread_resume()函数外，信号量、邮箱、事件等信息的发送也能够使挂起的线程恢复至就绪状态。

运行状态（RUNNING）、挂起状态（SUSPEND）→关闭状态（CLOSE）：

关闭状态的线程，会清除其对象内容，如果线程栈是动态申请的，则还会清除线程栈。关闭线程有三种途径，分别如下。

（1）使用 rt_thread_exit()函数。

rt_thread_exit()函数将当前线程的定时器脱离定时器链表、将线程脱离就序列表并插入失效线程链表（rt_thread_defunct），如代码 2.13 所示。对于失效线程链表中的线程，RT-Thread在空闲线程中释放其线程栈并清除对应的对象信息。

代码 2.13　rt_thread_exit()函数内容

```c
void rt_thread_exit(void)
{
    struct rt_thread *thread;
    register rt_base_t level;

    /* 获取当前线程控制块 */
    thread = rt_current_thread;

    /* 关闭中断 */
    level = rt_hw_interrupt_disable();

    _thread_cleanup_execute(thread);

    /* 将当前线程从调度系统中移除 */
    rt_schedule_remove_thread(thread);
    /* 改变线程状态为关闭 */
    thread->stat = RT_THREAD_CLOSE;

    /* 将内置定时器从定时器链表中移除 */
    rt_timer_detach(&thread->thread_timer);
```

```
    if (rt_object_is_systemobject((rt_object_t)thread) == RT_TRUE)
    {
        rt_object_detach((rt_object_t)thread);
    }
    else
    {
        /* 插入失效线程链表 */
        rt_list_insert_after(&rt_thread_defunct, &(thread->tlist));
    }

    /* 启用调度, 跳转到下一个任务 */
    rt_schedule();

    /* 启用中断 */
    rt_hw_interrupt_enable(level);
}
```

rt_thread_exit()函数有两种调用方式: 一种是手动调用, 由用户手动在代码中插入; 另一种是针对线程函数体中不存在死循环或存在死循环但满足一定条件后退出了循环的线程, 在线程末尾自动调用, 即当线程运行至函数体代码块的 "}" 时, 自动执行一次 rt_thread_exit()函数。

(2) 使用 rt_thread_delete()函数。

rt_thread_delete()函数用于关闭(删除)动态线程, 如代码 2.14 所示。

代码 2.14 rt_thread_delete()函数内容

```
rt_err_t rt_thread_delete(rt_thread_t thread)
{
    rt_base_t lock;

    /* 检查线程 */
    RT_ASSERT(thread != RT_NULL);
    RT_ASSERT(rt_object_get_type((rt_object_t)thread)==RT_Object_Class_Thread);
    RT_ASSERT(rt_object_is_systemobject((rt_object_t)thread) == RT_FALSE);    ①

    if ((thread->stat & RT_THREAD_STAT_MASK) == RT_THREAD_CLOSE)
        return RT_EOK;

    if ((thread->stat & RT_THREAD_STAT_MASK) != RT_THREAD_INIT)
    {
        /* 从调度系统中移除线程 */
        rt_schedule_remove_thread(thread);
    }

    _thread_cleanup_execute(thread);

    /* 将内置定时器从定时器链表中释放 */
    rt_timer_detach(&(thread->thread_timer));

    /* 关闭中断 */
    lock = rt_hw_interrupt_disable();
```

```
    /* 改变线程状态 */
    thread->stat = RT_THREAD_CLOSE;

    /* 插入失效线程链表 */
    rt_list_insert_after(&rt_thread_defunct, &(thread->tlist));  ②

    /* 启用中断 */
    rt_hw_interrupt_enable(lock);

    return RT_EOK;
}
```

rt_thread_delete()函数的参数及含义如表 2.2 所示。

表 2.2　rt_thread_delete()函数的参数及含义

参　　数	含　　义
thread	需要删除的动态线程控制块的地址

（3）使用 rt_thread_detach()函数。

rt_thread_detach()函数用于关闭（删除）静态线程，如代码 2.15 所示。

代码 2.15　rt_thread_detach()函数内容

```
rt_err_t rt_thread_detach(rt_thread_t thread)
{
    rt_base_t lock;

    /* 检查线程 */
    RT_ASSERT(thread != RT_NULL);
    RT_ASSERT(rt_object_get_type((rt_object_t)thread) == RT_Object_Class_Thread);
    RT_ASSERT(rt_object_is_systemobject((rt_object_t)thread));  ①'

    if ((thread->stat & RT_THREAD_STAT_MASK) == RT_THREAD_CLOSE)
        return RT_EOK;

    if ((thread->stat & RT_THREAD_STAT_MASK) != RT_THREAD_INIT)
    {
        /* 从系统调度中移除线程 */
        rt_schedule_remove_thread(thread);
    }

    _thread_cleanup_execute(thread);

    /* 将内置定时器从定时器链表中释放 */
    rt_timer_detach(&(thread->thread_timer));
```

```
/* 更改线程状态 */
thread->stat = RT_THREAD_CLOSE;

if (rt_object_is_systemobject((rt_object_t)thread) == RT_TRUE)
{
    rt_object_detach((rt_object_t)thread);
}
else
{
    /* 关闭中断 */
    lock = rt_hw_interrupt_disable();
    /* 插入失效线程链表 */
    rt_list_insert_after(&rt_thread_defunct, &(thread->tlist));
    /* 启用中断  */
    rt_hw_interrupt_enable(lock);
}

return RT_EOK;
}
```

②'

rt_thread_detach()函数的参数及含义如表 2.3 所示。

表 2.3　rt_thread_detach()函数的参数及含义

参　　数	含　　义
thread	需要关闭的静态线程控制块的地址

对比 rt_thread_delete()函数与 rt_thread_detach()函数的源码,主要有代码 2.14 与代码 2.15 中框出的两处区别。

代码段①&①': 此处区分了两者处理的对象,判断是静态线程还是动态线程,如代码 2.16 所示。

代码 2.16　rt_object_is_systemobject()函数内容

```
rt_bool_t rt_object_is_systemobject(rt_object_t object)
{
    /* 检查对象 */
    RT_ASSERT(object != RT_NULL);

    if (object->type & RT_Object_Class_Static)
        return RT_TRUE;

    return RT_FALSE;
}
```

rt_object_is_systemobject()函数的参数及含义如表 2.4 所示。

表 2.4　rt_object_is_systemobject()函数的参数及含义

参　　数	含　　义
object	内核对象信息结构体地址

前面提到,静态线程在对象初始化时,会将 type 与 RT_Object_Class_Static 进行逻辑"或"运算,该枚举量代表静态线程。代码 2.16 中的逻辑"与"运算用来验证当前线程是否具有静态线程的标记,由此可以看出,rt_thread_detach()函数用于静态线程,而 rt_thread_delete()函数用于动态线程。

代码段②&②':动态线程与静态线程的具体内容有何不同?

对于动态线程,直接将其插入 rt_thread_defunct 失效线程链表中,交给空闲线程完成其内存释放等操作;对于静态线程,②'中存在一个 if-else 语句,如果①'中的 RT_ASSERT()函数已经确认当前为静态线程,那么 else 中的内容不会被执行,直接进行 rt_object_detach()函数操作,如代码 2.17 所示。

代码 2.17　rt_object_detach()函数内容

```
void rt_object_detach(rt_object_t object)
{
    register rt_base_t temp;

    /* 检查对象*/
    RT_ASSERT(object != RT_NULL);

    RT_OBJECT_HOOK_CALL(rt_object_detach_hook, (object));

    /* 重置对象类型*/
    object->type = 0;

    /* 关闭中断 */
    temp = rt_hw_interrupt_disable();

    /* 从原链表中移除 */
    rt_list_remove(&(object->list));

    /* 启用中断 */
    rt_hw_interrupt_enable(temp);
}
```

rt_object_detach()函数的参数及含义如表 2.5 所示。

表 2.5　rt_object_detach()函数的参数及含义

参　　数	含　　义
object	静态内核对象信息结构体地址

这里只是将对象类型重置为 0(RT_Object_Class_Null),并没有释放内存(因为静态线程的内存根本释放不了)。

2.2.2　多线程管理实例

本小节将设计一个多线程管理系统,主要线程包括 LED、LCD、按键输入检测(KEY),并将它们设置为三个不同的优先级。由于 LED 线程的实时性要求低,因此将其优先级设为最低;KEY 线程需要对硬件进行实时性高的检测,故设其优先级为最高;LCD 线程的实时性要求处于前面两个线程的实时性要求之间,故设其优先级为中等。三个线程均在 main 线程中完成初始化,因为希望在 main 线程执行完毕后再启动三个线程的调度运行,所以在三个线程的创建与启动期间将调度器关闭。设置三个线程的优先级：KEY 线程为 7，LCD 线程为 8，LED 线程为 9。

main()函数在执行完成后运行至线程末，自动执行 rt_thread_exit()函数来关闭 main 线程。在 LCD 线程中，显示完毕后使用 rt_thread_suspend()函数挂起 LCD 线程；在 KEY 线程中，如果检测到左/右按键，则使用 rt_thread_resume()函数恢复 LCD 线程，执行页面计数操作。这样做可以避免 LCD 重复刷屏造成时间和资源浪费，如代码 2.18 所示。

代码 2.18　多线程管理实例

```
FONT_T tFont12;        /*定义一个文字结构体变量，用于设置文字参数*/
uint8_t page;          /*记录页数*/
void set_font(void)
{
    tFont12.FontCode = FC_ST_12;        /*文字代码12点阵*/
    tFont12.FrontColor = CL_RED;        /*文字颜色*/
    tFont12.BackColor = CL_GREEN;       /*文字背景颜色*/
    tFont12.Space = 0;
}                                                                   ①

#define LED_THREAD_STACK_SIZE 512
#define LCD_THREAD_STACK_SIZE 512
#define KEY_THREAD_STACK_SIZE 512
rt_thread_t lcd;

/*创建 LED 线程*/
void led_thread_entry(void *arg)
{
    while(1)
    {
        bsp_LedToggle(2);
        rt_thread_mdelay(200);                                      ②

    }
}
/*创建 LCD 线程*/
void lcd_thread_entry(void *arg)
{
    while(1)
    {
        char str[20];
        set_font();
        LCD_ClrScr(CL_BLUE);
        LCD_SetBackLight(BRIGHT_DEFAULT);
        sprintf(str,"now in page:%d",page);                         ③
        LCD_DispStr(5, 5, str, &tFont12);

        rt_thread_suspend(lcd);
        rt_schedule();
    }
}
```

```
/*创建 KEY 线程*/
void key_thread_entry(void*arg)
{
    static uint8_t keyscan;

    while(1)
    {
        bsp_KeyScan10ms();
        rt_thread_mdelay(10);
        keyscan = bsp_GetKey();
        if(keyscan != KEY_NONE)
        {
            if(keyscan == JOY_DOWN_L || keyscan == JOY_DOWN_R)
            {
                rt_thread_resume(lcd);
                if(keyscan == JOY_DOWN_L)
                {
                    if(page>0) page--;
                }else{
                    if(page<255) page++;
                }
            }
        }
    }
}
```
④

```
int main(void)
{
    /*关闭调度器*/
    rt_enter_critical(); ⑤

    /*LCD 线程的创建与启动*/
lcd=rt_thread_create("LCD",lcd_thread_entry,RT_NULL,LCD_THREAD_STACK_SIZE,8,0);
    if(lcd != RT_NULL)
    {
        rt_kprintf("thread LCD create successfully");
        rt_thread_startup(lcd);
    }else{
        rt_kprintf("thread LCD create failed");
    }

    rt_thread_t key,led;
    /*KEY 线程的创建与启动*/
key=rt_thread_create("KEY",key_thread_entry,RT_NULL,KEY_THREAD_STACK_SIZE,7,0);
    if(key != RT_NULL)
    {
        rt_kprintf("thread KEY create successfully");
        rt_thread_startup(key);
    }else{
        rt_kprintf("thread KEY create failed");
```
⑥

```
    }

    /*LED 线程的创建与启动*/
led = rt_thread_create("LED", led_thread_entry, RT_NULL, LED_THREAD_STACK_SIZE, 9, 0);
    if(led != RT_NULL)
    {
        rt_kprintf("thread LED create successfully");
        rt_thread_startup(led);
    }else{
        rt_kprintf("thread LED create failed");
    }                                                            ⑥

    /*开启调度器*/
    rt_exit_critical(); ⑤'

}
```

代码段①：数据定义。 定义文字初始化函数、各线程的线程栈大小，以及页数、LCD 线程的线程控制块指针。将 LCD 线程的线程控制块指针定义为全局变量，是为了后续能够在 KEY 线程中对挂起的 LCD 线程进行恢复操作。

代码段②：LED 线程函数。

代码段③：LCD 线程函数。 刷新一遍屏幕后通过 rt_thread_suspend()函数挂起，并立刻调用 rt_schedule()进行系统调度。

使用挂起函数将线程挂起后并不会立刻进行系统调度，若不在线程挂起后立刻调用 rt_schedule()，则 LCD 线程会继续运行，直到 KEY 线程延时结束重新进入就绪队列并调用 rt_schedule()进行系统调度，才会切换至其他线程，这时 LCD 线程在函数主体中位于随机位置。这样一来就会造成系统资源浪费，更糟糕的是，对于 LCD 刷新，若不执行一次完整的刷新操作，屏幕上显示的内容就不完整，大大降低系统的性能。

代码段④：KEY 线程函数。 每 10 毫秒运行一次 KEY 线程，如果检测到左/右按键被按下，则通过 rt_thread_resume()函数恢复 LCD 线程运行，并加或减页数。

代码段⑤&⑤'：在线程启动时关闭调度器。 rt_enter_critical()与 rt_exit_critical()两个函数可以分别将调度器上锁、解锁。这是为了防止在 main 线程中启动的线程的优先级比 main 线程的优先级高，导致 main 线程未执行完就去运行其他线程了。如在此实例中，LCD、LED、KEY 线程的优先级均比 main 线程的优先级高，那么在启动 LCD 线程后，系统就会运行 LCD 线程，LED 线程与 KEY 线程（它们的优先级比 LCD 线程的优先级高）的创建与启动会被暂时搁置，这是要尽量避免的情况。

需要注意的是，上锁、解锁操作可以连续使用。例如，在使用 rt_exit_critical()函数之前已经执行过 3 次 rt_enter_critical()操作，此时调度器被上了三道锁；此时调用一次或两次 rt_exit_critical()函数不能为调度器解锁，必须解锁至少 3 次才能为调度器解锁。

代码段⑥：各个线程的创建与启动。 先创建三个线程（此处都设为动态线程），然后执行启动操作。由于 LCD 线程的线程控制块指针已经作为全局变量被定义了，因此这里的局部变量只需定义 KEY 线程与 LED 线程的，用来检查是否创建成功。

2.3　小结与思考

本章我们学习了线程的基本操作，包括线程的创建、线程生命周期和状态迁移、多线程之间的基本操作和管理，并以三线程的实例进行实践。

试思考：

① 线程的五态分别是什么？各个状态间的转换有何方式？

② 线程的调度原理是什么？

③ 动态线程、静态线程的区别是什么？各有何优势和劣势？

④ 我们在内核代码中能广泛地看到 RT_ASSERT() 函数，这是一个判断函数，会在参数为 False 时报错并终止程序运行；事实上，不仅在实时操作系统中，在整个 C 语言编程实践中都能广泛地见到它的身影。读者若有兴趣，可以通过查找资料看看它的内部运行机制是怎样的。

第3章 时间管理与中断

3.1 操作系统时间管理

3.1.1 操作系统时钟

操作系统时钟是一个或一组定时器，每过一段确定的时间发送一组脉冲或进入一次中断，以此来以精确的时间对系统中与时间相关的任务进行调控。我们在进行裸机开发时可能有过这样的轮询系统编程经历：在一个定时器中断中进行中断次数累计，设置诸如按键检测、屏幕刷新、占空比控制等任务的执行周期，并以此判断当下时刻是否执行这些任务。此处，定时器周期就是这个"操作系统"的时钟。

在第 1 章中提到，在 STM32 单片机中，RT-Thread 接管了定时器 SysTick 的中断处理函数，这样做是因为该操作系统是以 SysTick 作为系统计时和调度时钟的。在 rtconfig.h 文件中有如代码 3.1 的定义。

代码 3.1　SysTick 频率的定义

```
/* <o>OS tick per second  */
/* <i>Default: 1000    (1ms) */
#define RT_TICK_PER_SECOND  1000
```

按照注释部分的解释，可以看出 RT_TICK_PER_SECOND 这个宏设定了系统节拍频率。在 SysTick_Handler()中，除中断静止与使能操作外，还有一个 rt_tick_increase()函数，运行这个函数就是 RT-Thread 每个时钟周期要做的事。这个函数做了什么事呢？其一是检查时间片，对相同优先级的线程进行时间片管理与调度；其二是检查定时器，查看是否有 HARD 定时器定时结束。

3.1.2 时间片与延时

1. 时间片

RT-Thread 是抢占式的实时操作系统，也就是说，在运行一个线程时，如果有某个优先级更高的线程转换为就绪状态，那么当前运行的线程就会被打断并让出 CPU，优先级更高的那个线程就转换为运行状态，抢到 CPU 资源。

那么，如果有多个线程拥有相同的优先级，调度器该怎样分配资源和运行时间呢？此处，时间片发挥作用。

在线程初始化函数中有对时间片的定义：若有一个整型变量，则这个整型变量的值就是同优先级线程在轮换过程中相应线程的运行时间（tick 数）。例如，在就绪列表中有两个线程 A 和 B，它们的优先级都为 n；线程 A 的时间片为 10，而线程 B 的时间片为 5；假设在整个过程中没有比它们两个更高优先级的线程处于就绪状态。t_1 时刻线程 B 开始运行；至（t_1+5）时刻，切换至线程 A 运行；再到（t_1+15）时刻，切换回线程 B 运行，如图 3.1 所示。

图 3.1　时间片原理

　　时间片的检查操作在 rt_tick_increase()函数中，此函数在 SysTick 的中断回调函数中执行，也就是说，每经过一个 SysTick 时间就会进行一次时间片检查。具体如代码 3.2 所示。

代码 3.2　rt_tick_increase()函数内容

```
void rt_tick_increase(void)
{
    struct rt_thread *thread;

    /* tick 数加 1 */
    ++ rt_tick;

    /* 检查时间片 */
    thread = rt_thread_self();    ①

    -- thread->remaining_tick;    ②
    if (thread->remaining_tick == 0)
    {
        /* 改为初始 tick 数 */
        thread->remaining_tick = thread->init_tick;

        /* yield */
        rt_thread_yield();
    }

    /* 检查定时器 */
    rt_timer_check();
}
```

　　① rt_thread_self()函数返回当前正在运行线程的线程控制块。

　　② remaining_tick，顾名思义，表示该线程时间片剩余数量；每次进入 SysTick 中断对其进行减 1 操作。

　　③ 如果时间片剩余数量为零，即当前线程时间片用尽，则需要切换到同优先级的另一个线程。因为时间片需要循环使用，所以需要先将 remaining_tick 复位，再执行 rt_thread_yield()函数，如代码 3.3 所示。

代码 3.3　rt_thread_yield()函数内容

```
rt_err_t rt_thread_yield(void)
{
    register rt_base_t level;
```

```
struct rt_thread *thread;

/* 关闭中断 */
level = rt_hw_interrupt_disable();

/* 获得当前线程的控制块 */
thread = rt_current_thread;

/* 如果线程状态为 READY 且在就绪队列中 */
if ((thread->stat & RT_THREAD_STAT_MASK) == RT_THREAD_READY &&
    thread->tlist.next != thread->tlist.prev)
{
    /* 从线程链表中移出线程 */
    rt_list_remove(&(thread->tlist));

    /* 将线程插入队尾 */
    rt_list_insert_before(&(rt_thread_priority_table[thread->current_priority]),
                          &(thread->tlist));

    /* 启用中断 */
    rt_hw_interrupt_enable(level);

    rt_schedule();

    return RT_EOK;
}

/* 启用中断 */
rt_hw_interrupt_enable(level);

return RT_EOK;
}
```

if 语句判断当前线程是否是就绪状态且对应的优先级中是否存在两个及以上的线程，若是，就将当前线程（时间片耗尽的线程）从对应优先级链表中移出并重新插入队尾，排到最后进行调度；如果没有优先级更高的线程处于就绪状态，线程调度就会将 CPU 分配给同优先级的下一个线程。

2. 延时

第 1 章末尾提到了 rt_thread_mdelay() 函数并解释了它能够将线程挂起一定时间的作用，事实上，RT-Thread 中有很多这类延时函数，如：

- rt_thread_delay() 函数能够使线程延时（挂起）指定 tick 数，在 tick 数后重新就绪；
- rt_thread_delay_until() 函数能使线程延时（挂起）直到指定的 tick 数，在系统时间达到 tick 数时重新就绪。

延时的考虑是系统设计的重要一环。线程在运行时会一直占用 CPU 资源，如果高优先级线程一直处在运行状态，那么低优先级线程将不能得到运行。所以，必须适时地将高优先级线程挂起，才能使每个线程及时地得到运行。从运行状态转换为挂起状态能够让出 CPU 资源，如 2.2.1 节中的图 2.4 所示。挂起线程有多种情况，如消息队列等待、信号量等待等。

这些都属于被动式的延时，等待的时长不确定，如消息队列等待，线程从等待的挂起状态回到就绪状态只需要等到相应 IPC 消息入队列，但这个等待过程是由另一个发送消息的线程决定的：如果发送及时，那么等待时间就会很短甚至没有；如果发送得不及时，那么等待时间就会很长。如果仅依赖这种不确定的挂起时间进行延时，则出现问题的概率很大。所以，在线程（尤其是高优先级线程）尾部需要加上合适的延时时间，使每个线程能够有节奏地交替运行。

3.1.3　软件定时器

RT-Thread 的定时器系统对每个定时器都设置了控制块 rt_timer，包含系统对象信息、超时函数地址、超时时长等内容，如代码 3.4 所示。

代码 3.4　rt_timer 控制块

```
struct rt_timer
{
    struct rt_object parent;                          /*系统对象信息*/

    rt_list_t        row[RT_TIMER_SKIP_LIST_LEVEL];
    void (*timeout_func)(void *parameter);            /*超时函数地址*/
    void             *parameter;                      /*超时函数参数*/

    rt_tick_t        init_tick;                       /*超时时长*/
    rt_tick_t        timeout_tick;                    /*超时时刻*/
};
```

大体上，RT-Thread 中的定时器有两种实现形式：HARD_MODE 与 SOFT_MODE。前者在 SysTick 中实现超时函数，后者在 timer 线程中实现超时函数。在第 1 章的启动流程图（参见图 1.21）中可以观察到，在系统启动时，系统除创建 main 线程、idle（空闲）线程外，还创建一个 timer 定时器线程，SOFT_MODE 定时器的超时函数就是在这个线程中实现的。

SysTick 是操作系统的时钟，在此进行与时间相关的各种操作，主要使用 rt_tick_increase() 函数，此函数的时间片部分已经讲解过，函数操作中有一项 rt_timer_check()，它是 HARD 定时器扫描操作。

3.1.4　常用函数介绍

无论是 HARD 定时器，还是 SOFT 定时器，其创建、启动、删除的函数都是一样的。

1. rt_timer_init()

该函数为静态定时器的初始化函数，用来初始化一个已经定义了控制块和超时函数的定时器，如代码 3.5 和表 3.1 所示。

代码 3.5　rt_timer_init()函数内容

```
void rt_timer_init(rt_timer_t  timer,
                   const char *name,
                   void (*timeout)(void *parameter),
```

```
                    void        *parameter,
                    rt_tick_t    time,
                    rt_uint8_t  flag)
{
    /* 定时器检查 */
    RT_ASSERT(timer != RT_NULL);

    /* 定时器对象初始化 */
    rt_object_init((rt_object_t)timer, RT_Object_Class_Timer, name);

    _rt_timer_init(timer, timeout, parameter, time, flag);
}
```

表 3.1　rt_timer_init()函数的参数及含义

参　　数	含　　义
timer	定时器控制块地址
name	定时器名称
timeout	超时函数
parameter	超时函数参数
time	超时时间
flag	计时模式/定时器类型

其中，flag 参数的可选项如代码 3.6 和代码 3.7 所示。

代码 3.6　flag 可选参数（计时模式）

```
#define RT_TIMER_FLAG_ONE_SHOT        0x0        /*单次计时*/
#define RT_TIMER_FLAG_PERIODIC        0x2        /*循环计时*/
```

ONE_SHOT 与 PERIODIC 分别是单次计时与循环计时，单次计时结束后并不会被删除，只会被设置为非激活状态并移出运行链表。

代码 3.7　flag 可选参数（定时器类型）

```
#define RT_TIMER_FLAG_HARD_TIMER      0x0        /*HARD 定时器*/
#define RT_TIMER_FLAG_SOFT_TIMER      0x4        /*SOFT 定时器*/
```

HARD_TIMER 是 HARD 定时器，其超时函数在 SysTick 中被调用；SOFT_TIMER 是 SOFT 定时器，其超时函数在 timer 线程中被调用。

计时模式与定时器类型均需要在 flag 参数栏做"或"运算，才能同时配置。

2. rt_timer_create()

该函数为动态定时器的创建与初始化函数，会从内存堆中获取一块动态内存作为定时器控制块，并对其进行初始化。若创建成功，则返回对应的定时器控制块地址；若创建失败，则返回 RT_NULL，如代码 3.8 与表 3.2 所示。

代码 3.8　rt_timer_create()函数内容

```
rt_timer_t rt_timer_create(const char *name,
                           void (*timeout)(void *parameter),
```

```
                              void        *parameter,
                              rt_tick_t    time,
                              rt_uint8_t   flag)
{
    struct rt_timer *timer;

    /* 分配一个对象 */
    timer = (struct rt_timer *)rt_object_allocate(RT_Object_Class_Timer, name);
    if (timer == RT_NULL)
    {
        return RT_NULL;
    }

    _rt_timer_init(timer, timeout, parameter, time, flag);

    return timer;
}
```

表 3.2　rt_timer_create()函数的参数及含义

参　数	含　义
name	定时器名称
timeout	超时函数
parameter	超时函数参数
time	超时时间
flag	计时模式/定时器类型

3. rt_timer_start()

此函数为定时器启动函数，能够将定时器插入定时器运行链表 rt_timer_list 或 rt_soft_timer_list（前者为 HARD 定时器链表，后者为 SOFT 定时器链表），插入的位置能使定时器运行链表中的各定时器超时时刻呈升序排列（超时时刻相同的定时器按照 FIFO 方式排列），并设置定时器为激活状态，如代码 3.9 所示。

代码 3.9　rt_timer_start()函数内容

```
rt_err_t rt_timer_start(rt_timer_t timer)
{
    unsigned int row_lvl;
    rt_list_t *timer_list;
    register rt_base_t level;
    rt_list_t *row_head[RT_TIMER_SKIP_LIST_LEVEL];
    unsigned int tst_nr;
    static unsigned int random_nr;

    /* 检查定时器 */
    RT_ASSERT(timer != RT_NULL);
    RT_ASSERT(rt_object_get_type(&timer->parent) == RT_Object_Class_Timer);

    /* 停止定时器 */
```

```
        level = rt_hw_interrupt_disable();
        /* 将定时器从链表中移出 */
        _rt_timer_remove(timer);                            a
        /* 设置定时器状态 */
        timer->parent.flag &= ~RT_TIMER_FLAG_ACTIVATED;

        RT_OBJECT_HOOK_CALL(rt_object_take_hook, (&(timer->parent)));

        /*
         * 获取超时 tick 数
         * 超时 tick 数最大值不应该大于 RT_TICK_MAX/2
         */
        RT_ASSERT(timer->init_tick < RT_TICK_MAX / 2);      b
        timer->timeout_tick = rt_tick_get() + timer->init_tick;

#ifdef RT_USING_TIMER_SOFT
        if (timer->parent.flag & RT_TIMER_FLAG_SOFT_TIMER)
        {
            /* 将定时器插入 SOFT 定时器链表 */
            timer_list = rt_soft_timer_list;
        }
        else
#endif
        {                                                              ①
            /* 将定时器插入系统定时器（HARD 定时器）链表 */
            timer_list = rt_timer_list;
        }

        row_head[0]  = &timer_list[0];
        for (row_lvl = 0; row_lvl < RT_TIMER_SKIP_LIST_LEVEL; row_lvl++)
        {
            for (; row_head[row_lvl] != timer_list[row_lvl].prev;
                 row_head[row_lvl]  = row_head[row_lvl]->next)
            {
                struct rt_timer *t;
                rt_list_t *p = row_head[row_lvl]->next;

                /* 获得定时器指针 */                                    ②
                t = rt_list_entry(p, struct rt_timer, row[row_lvl]);

                /* 如果有两个定时器同时超时，则先启动的定时器先得到处理
                 *因此，将新的定时器插入某个超时定时器的末端
                 */
                if ((t->timeout_tick - timer->timeout_tick) == 0)
                {
                    continue;
                }
                else if ((t->timeout_tick - timer->timeout_tick) < RT_TICK_MAX / 2)
                {
```

```
                    break;
            }
        }
        if (row_lvl != RT_TIMER_SKIP_LIST_LEVEL - 1)
            row_head[row_lvl + 1] = row_head[row_lvl] + 1;
    }

    random_nr++;
    tst_nr = random_nr;

    rt_list_insert_after(row_head[RT_TIMER_SKIP_LIST_LEVEL - 1],
                         &(timer->row[RT_TIMER_SKIP_LIST_LEVEL - 1]));
    for (row_lvl = 2; row_lvl <= RT_TIMER_SKIP_LIST_LEVEL; row_lvl++)
    {
        if (!(tst_nr & RT_TIMER_SKIP_LIST_MASK))
            rt_list_insert_after(row_head[RT_TIMER_SKIP_LIST_LEVEL - row_lvl],
                                 &(timer->row[RT_TIMER_SKIP_LIST_LEVEL - row_lvl]));
        else
            break;
        /*在测试过的位上移位。在 1 位和 2 位的情况下效果很好 */
        tst_nr >>= (RT_TIMER_SKIP_LIST_MASK + 1) >> 1;
    }

    timer->parent.flag |= RT_TIMER_FLAG_ACTIVATED;

    /* 启用中断 */
    rt_hw_interrupt_enable(level);

#ifdef RT_USING_TIMER_SOFT
    if (timer->parent.flag & RT_TIMER_FLAG_SOFT_TIMER)
    {
        /* 检查定时器的线程是否就绪 */
        if ((soft_timer_status == RT_SOFT_TIMER_IDLE) &&
            ((timer_thread.stat & RT_THREAD_STAT_MASK) == RT_THREAD_SUSPEND))
        {
            /* resume timer thread to check soft timer */
            rt_thread_resume(&timer_thread);
            rt_schedule();
        }
    }
#endif

    return RT_EOK;
}
```

②

③

　　首先看 b 框中的内容，其含义是定时器的超时时间小于最大计时时间（32 位无符号整型的最大值 0xffffffff）的一半，也是系统计时变量 RT_TICK 最大值的一半。这是为什么呢？后续在 3.1.5 节介绍 SOFT 定时器与 HARD 定时器的区别时会揭晓答案。

　　再看 a 框中的内容，将定时器从链表中移出，并设置定时器状态为非激活状态。试想，如果在定时器超时时间结束前再次调用 rt_timer_start()函数，会有什么效果？定时器会重新进行超时时刻计算并启动，换句话说，定时器被重置了，这是一个有用的技巧。

代码段①：如果定义了 RT_USING_TIMER_SOFT，并且此定时器为 SOFT 定时器，则取 rt_soft_timer_list 作为目标定时器运行链表，否则取 rt_timer_list 作为目标定时器运行链表。两个链表将分别在 timer 线程与 SysTick 中断函数中被查询，从而作为区分两类定时器的关键因素。

代码段②：通过超时时间与当前时刻（rt_tick）计算定时器超时时刻，将其与目标定时器运行链表中的各个定时器超时时刻进行对比，并将新的定时器插入合适的位置，使链表中的超时时刻呈升序排列，这样做的好处是在对定时器进行检查时，只需检查链表的首个定时器，无须逐个检查，大大节省了时间。RT_TIMER_SKIP_LIST_LEVEL 默认值为 1，即系统默认只需维护一条定时器链表。

代码段③：对于启用了 SOFT 定时器的情况，需要在插入定时器运行链表后，将 timer 线程由挂起状态恢复至就绪状态（如果 timer 线程正在运行某定时器的超时函数处于 RT_SOFT_TIMER_BUSY 状态，则不必恢复 timer 线程）。

4．rt_timer_stop(rt_timer_t timer)

该函数为定时器停止函数，将定时器从定时器运行链表中移出，并设置为非激活状态。

5．rt_timer_control(rt_timer_t timer, int cmd, void *arg)

该函数为定时器控制函数，能够获取或设置定时器信息，cmd 是指令，在宏定义中进行定义；arg 是参数，之所以是指针形式的变量，是因为它既能传入设置信息，也能传出读取信息。有如下控制指令：

① RT_TIMER_CTRL_GET_TIME：读取 timer 定时器的超时时间。

② RT_TIMER_CTRL_SET_TIME：设置 timer 定时器的超时时间。

③ RT_TIMER_CTRL_SET_ONESHOT：设置 timer 定时器为单次定时。

④ RT_TIMER_CTRL_SET_PERIODIC：设置 timer 定时器为周期定时。

⑤ RT_TIMER_CTRL_GET_STATE：读取 timer 定时器的状态（激活或非激活）。

如果需要调用控制函数，应该先调用 rt_timer_stop()函数，再调用 rt_timer_control()函数，最后调用 rt_timer_start()函数。

6．rt_timer_detach(rt_timer_t timer)

该函数为静态定时器的删除函数，能将对应定时器从运行链表中删除，并设置定时器为非激活状态，同时清空对象属性。

7．rt_timer_delete (rt_timer_t timer)

该函数为动态定时器的删除函数，能将对应定时器从运行链表中删除，并设置定时器为非激活状态，同时释放内存。

3.1.5　SOFT 定时器与 HARD 定时器

要使用 SOFT 定时器，需要进行以下两步操作。

（1）在宏定义中使能开关，如代码 3.10 所示。

代码 3.10　SOFT 定时器使能开关

```
#define RT_USING_TIMER_SOFT        1/*此处将值改成 1 即可使能 SOFT 定时器*/
```

```
#if RT_USING_TIMER_SOFT == 0
    #undef RT_USING_TIMER_SOFT
#endif
```

（2）在初始化定时器时，对 flag 参数进行 RT_TIMER_FLAG_SOFT_TIMER 值的"或"运算。

接下来介绍 SOFT 定时器与 HARD 定时器的区别。

（1）所处运行链表不同。SOFT 定时器启动后加入 rt_soft_timer_list 链表，而 HARD 定时器启动后加入 rt_timer_list 链表。

（2）对超时时间进行查询的位置不同。

SOFT 定时器在优先级为 4 的 timer 线程中进行轮询。timer 线程一般处于挂起状态，直到：

- 某个 SOFT 定时器调用 rt_timer_start()函数后恢复就绪状态；
- 在某次 timer 线程运行时会从 rt_soft_timer_list 链表获取到达下一个超时时刻所需的时间，通过 rt_thread_delay()函数将自己挂起相同的时间，挂起时间结束后恢复就绪状态。timer 线程的函数如代码 3.11 所示。

代码 3.11　timer 线程的函数内容

```
static void rt_thread_timer_entry(void *parameter)
{
    rt_tick_t next_timeout;

    while (1)
    {
        /* 获取下一个超时 tick */
        next_timeout = rt_timer_list_next_timeout(rt_soft_timer_list);
        if (next_timeout == RT_TICK_MAX)
        {
            /* 无软件定时器，挂起自身 */
            rt_thread_suspend(rt_thread_self());
            rt_schedule();
        }
        else
        {
            rt_tick_t current_tick;

            /* 获取当前 tick */
            current_tick = rt_tick_get();

            if ((next_timeout - current_tick) < RT_TICK_MAX / 2)
            {
                /* 得到 tick 之差 */
                next_timeout = next_timeout - current_tick;
                rt_thread_delay(next_timeout);
            }
        }
    }
```

```
        /* 检查 SOFT 定时器 */
        rt_soft_timer_check();    ③
    }
}
```

代码段①：rt_timer_list_next_timeout()函数返回定时器运行链表中首个节点对应定时器的超时时刻，因为链表中的超时时刻按升序排列，所以获得的是所有 SOFT 定时器中最近的超时时刻。如果定时器运行链表为空，则返回 RT_TICK_MAX，timer 线程将自身挂起并执行一次调度，切换至其他就绪线程。

代码段②：如果定时器运行链表为非空，则通过 rt_tick_get()函数获取当前的系统时间 rt_tick，并与链表中首个定时器的超时时刻进行比较，如果时间未到，就用 rt_thread_delay() 函数将自身挂起对应的时间；如果时间到了，则代码段②无效，代码段③中的内容生效。

代码段③：使用 rt_soft_timer_check()函数对超时时刻进行进一步确认，如果时间已到，就执行相应的超时函数，并对重复计时的定时器进行重启，如代码 3.12 所示。

代码 3.12　rt_soft_timer_check()函数内容

```
void rt_soft_timer_check(void)
{
    rt_tick_t current_tick;
    struct rt_timer *t;
    register rt_base_t level;
    rt_list_t list;

    rt_list_init(&list);

    RT_DEBUG_LOG(RT_DEBUG_TIMER, ("software timer check enter\n"));

    /* 关闭中断 */
    level = rt_hw_interrupt_disable();

    while (!rt_list_isempty(&rt_soft_timer_list[RT_TIMER_SKIP_LIST_LEVEL - 1]))    ①'
    {
        t = rt_list_entry(rt_soft_timer_list[RT_TIMER_SKIP_LIST_LEVEL - 1].next,
                        struct rt_timer, row[RT_TIMER_SKIP_LIST_LEVEL - 1]);       ②'

        current_tick = rt_tick_get();

        /*新 tick 数应小于最大值的一半*/
        if ((current_tick - t->timeout_tick) < RT_TICK_MAX / 2)                    ③'
        {
            RT_OBJECT_HOOK_CALL(rt_timer_enter_hook, (t));

            /* 将定时器从定时器链表中移出 */
```

```
            _rt_timer_remove(t);
            if (!(t->parent.flag & RT_TIMER_FLAG_PERIODIC))
            {
                t->parent.flag &= ~RT_TIMER_FLAG_ACTIVATED;
            }
            /* 将定时器插入临时链表*/
            rt_list_insert_after(&list, &(t->row[RT_TIMER_SKIP_LIST_LEVEL - 1]));

            soft_timer_status = RT_SOFT_TIMER_BUSY;
            /* 启用中断 */
            rt_hw_interrupt_enable(level);

            /* 调用超时函数 */
            t->timeout_func(t->parameter);

            RT_OBJECT_HOOK_CALL(rt_timer_exit_hook, (t));
            RT_DEBUG_LOG(RT_DEBUG_TIMER, ("current tick: %d\n", current_tick));

            /* 关闭中断 */
            level = rt_hw_interrupt_disable();

            soft_timer_status = RT_SOFT_TIMER_IDLE;
            /* 检查定时器对象是否脱离或重启 */
            if (rt_list_isempty(&list))
            {
                continue;
            }
            rt_list_remove(&(t->row[RT_TIMER_SKIP_LIST_LEVEL - 1]));
            if ((t->parent.flag & RT_TIMER_FLAG_PERIODIC) &&
                (t->parent.flag & RT_TIMER_FLAG_ACTIVATED))
            {
                /*启动定时器 */
                t->parent.flag &= ~RT_TIMER_FLAG_ACTIVATED;
                rt_timer_start(t);
            }
        }
        else break; /* 不再检查 */
    }
    /* 启用中断 */

    rt_hw_interrupt_enable(level);

    RT_DEBUG_LOG(RT_DEBUG_TIMER, ("software timer check leave\n"));
}
```

④'

⑤'

代码段①':确认 rt_soft_timer_list 链表非空,如果为空,就不用检查了。

代码段②':先使用 rt_list_entry()函数从链表某个节点得到节点对应的控制块指针并返回,再获取当前系统时间 rt_tick 并赋值给 current_tick。

代码段③':判断当前时间是否已经到达或超出定时器的超时时刻。在讲解 rt_timer_start() 函数时,我们遇到将定时器定时时间限幅为 RT_TICK_MAX/2 的情况,现在解释其内部的规律。

系统时间 rt_tick 及定时器的超时时刻 timeout 都是 32 位无符号整型变量,数值范围为 0~RT_TICK_MAX,到最大值后加 1 会溢出,从而归 0,而 0-1 会得到最大值 RT_TICK_MAX(2^{32}-1);如果是较小的数减较大的数,则结果可能是一个较大的数,如 200-500=2^{32}-300。这样的减法可以用图 3.2 来体现。

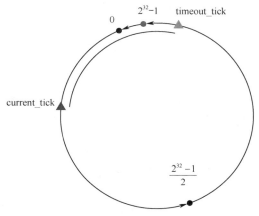

图 3.2　无符号整型变量的加减法示意图(内侧弧线区域为二者差值)

示意图呈现闭环,以逆时针方向为数值增加方向,到 2^{32}-1 再加 1 就回到 0 的位置。对于 current_tick-timeout_tick 的减法算式,其表示的实际距离是从 current_tick 开始顺时针到 timeout_tick 的距离(如图 3.2 中内侧弧线所示)。

当启动定时器时,由 current_tick+init_tick 得到 timeout_tick,如图 3.3 所示。

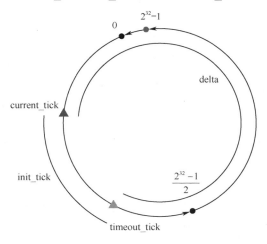

图 3.3　timeout_tick 的计算

此时 current_tick–timeout_tick 的值为初始 delta，相当于 2^{32}–init_tick，当 current_tick（其实是 rt_tick）的值不断增加并接近 timeout_tick 的值时，delta 的值不断变大直到等于 RT_TICK_MAX，再次进入 SysTick，current_tick 的值与 timeout_tick 的值相等，delta 的值变为 0，此时超时时间到，如图 3.4 所示。由于可能存在更高优先级中断或更高优先级线程，因此超时的定时器无法得到及时处理，在进行超时时刻判定时，current_tick–timeout_tick 的值可能为 1，也可能为 10，或者为更大的数，但一定是一个有限的值，因为如果超出时间太久，定时器的定时时间精度就十分低，系统响应过慢，这样的系统设计出来是无用的。

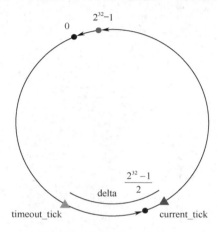

图 3.4　定时器超时的情况

因此需要设定一个临界值，当 delta 的值比临界值小时，认为定时时间到，暂且设为 out_delta_lim。此时又产生一个新问题：当 init_tick 的值太大时，初始 delta 的值就会比较小，而如果初始 delta 的值比 out_delta_lim 的值还要小，那不就"开始即结束了吗"？所以，初始 delta 的值必须比 out_delta_lim 的值大，即 2^{32}–init_tick>out_delta_lim。由于 init_tick 也存在上限，因此设其为 init_lim，得到 2^{32}>init_lim+out_delta_lim。考虑到尽量使两个极限值的取值范围大，于是有 2^{32}–1=init_lim+out_delta_lim。处于对称性的考虑，二者取半，最终得到 init_lim=out_delta_lim=$\dfrac{2^{32}-1}{2}=\dfrac{\text{RT\_TICK\_MAX}}{2}$。这就是 init_tick 的限幅值及定时时间到达的判定值的由来。

代码段④'：对于定时时间到达的定时器，将其从运行链表中移出，插入临时链表，如果是单次定时模式，则将其设置为非激活状态；接着将 timer 线程标记为 RT_TIMER_BUSY 状态（如果此时启动了新的定时器，则在执行 rt_timer_start() 函数时不会调用 rt_thread_resume() 函数），执行超时函数 timeout_func()，执行完毕后将定时器从临时链表中移出，并标记 timer 线程为空闲 RT_TIMER_IDLE 状态。

代码段⑤'：如果是周期定时器，则重新启动定时器。

HARD 定时器的检查操作位于 SysTick 中断函数中，在之前提到的 rt_timer_check() 函数里，内容与 rt_soft_timer_check() 函数内容基本一致，只是将检查对象由 rt_soft_timer_list 链表换成 rt_timer_list 链表，这里不再赘述。

整个定时器系统的运行流程可以归纳为图 3.5。

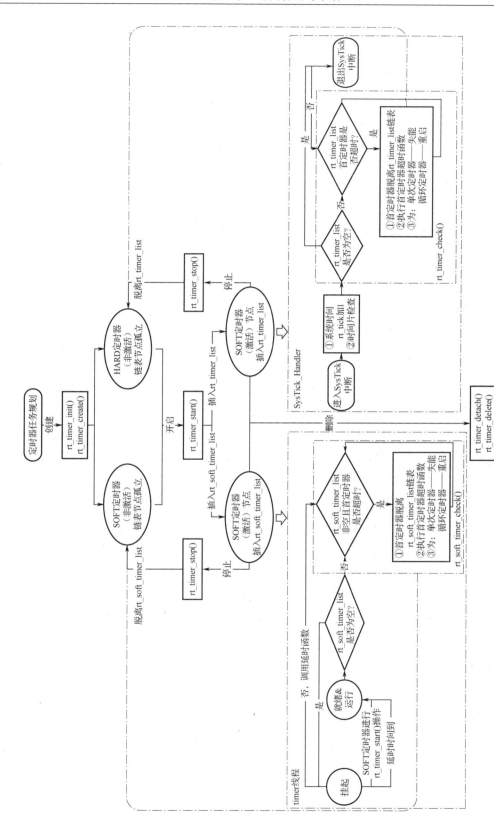

图 3.5　整个定时器系统的运行流程

3.1.6　时钟实验

在 2.2.2 节中，使用 LED 线程控制 LED 闪烁，本节我们使用定时器的超时函数来控制
LED 闪烁。按左/右按键能够调节闪烁周期，每按一下右按键周期加 50ms，每按一下左按键
周期减 50ms，最低为 50ms，初始值为 200ms。LCD 实时显示周期，如代码 3.13 所示。

代码 3.13　定时器实验

```
FONT_T tFont12;                              /*定义一个文字结构体变量，用于设置文字参数*/
uint16_t gap = 100;                          /*闪烁间隔*/
void set_font(void)
{
    tFont12.FontCode = FC_ST_12;             /*文字代码 12 点阵*/
    tFont12.FrontColor = CL_RED;             /*文字颜色*/
    tFont12.BackColor = CL_GREEN;            /*文字背景颜色*/
    tFont12.Space = 0;                       /*文字间距，单位为像素*/
}
#define LED_THREAD_STACK_SIZE 512
#define LCD_THREAD_STACK_SIZE 512
#define KEY_THREAD_STACK_SIZE 512
rt_thread_t lcd;
rt_timer_t led_twinkle;
/*定时器超时函数*/
void led_timeout(void *arg)
{
    bsp_LedToggle(2);
}
/*创建 LCD 线程*/
void lcd_thread_entry(void *arg)
{
    while(1)
    {
        char str[20];
        set_font();
        LCD_ClrScr(CL_BLUE);
        LCD_SetBackLight(BRIGHT_DEFAULT);
        sprintf(str,"current period: %d",gap*2);
        LCD_DispStr(5, 5, str, &tFont12);

        rt_thread_suspend(lcd);
        rt_schedule();
    }
}
/*创建 KEY 线程*/
void key_thread_entry(void*arg)
{
    static uint8_t keyscan;

    while(1)
    {
```

```
            bsp_KeyScan10ms();
            rt_thread_mdelay(10);
            keyscan = bsp_GetKey();
            if(keyscan != KEY_NONE)
            {
                if(keyscan == JOY_DOWN_L || keyscan == JOY_DOWN_R)
                {
                    rt_thread_resume(lcd);
                    if(keyscan == JOY_DOWN_L)
                    {
                        if(gap*2>50) gap-=25;
                    }else{
                        if(gap*2<2000) gap+=25;
                    }
                    rt_timer_stop(led_twinkle);
                    rt_timer_control(led_twinkle,RT_TIMER_CTRL_SET_TIME,&gap);
                    rt_timer_start(led_twinkle);
                }
                else if(keyscan == JOY_DOWN_U || keyscan == JOY_DOWN_D)
                {
                    if(keyscan == JOY_DOWN_U) rt_timer_start(led_twinkle);
else rt_timer_stop(led_twinkle);
                }
            }
        }
}

int main(void)
{
    /*关闭调度器*/
    rt_enter_critical();
    /*LCD 线程的创建与启动*/
    lcd = rt_thread_create("LCD",lcd_thread_entry,RT_NULL,LCD_THREAD_STACK_SIZE,13,0);
    if(lcd != RT_NULL)
    {
        rt_thread_startup(lcd);
    }else{
        rt_kprintf("lcd thread create error");
    }

    rt_thread_t key,led;
    /*KEY 线程的创建与启动*/
    key=rt_thread_create("KEY",key_thread_entry,RT_NULL,KEY_THREAD_STACK_SIZE,7,0);
    if(key != RT_NULL)
    {
        rt_kprintf("thread KEY create successfully");
        rt_thread_startup(key);
    }else{
        rt_kprintf("thread KEY create failed");
    }
```

```
    led_twinkle=rt_timer_create("led",led_timeout,RT_NULL,gap,RT_TIMER_FLAG_PERIODIC|RT
_TIMER_FLAG_SOFT_TIMER);

    /*开启调度器*/
    rt_exit_critical();
}
```

整体代码与第 2 章代码 2.18 大体一致。将 LED 线程改为 LED 定时器，并设置 flag 为循环定时和 SOFT 定时器。按键线程也做了修改：如果按左/右按键，则更改周期数值，并调用定时器的 stop-control-start 控制流程；如果按上/下按键，则启动或暂停定时器。

3.2　操作系统中断

3.2.1　操作系统中断的基本概念

中断（Interrupt）在单片机中是十分重要的概念，一般的 C 语言程序都是顺序执行的，对于一般的数据处理程序来说完全合适，但对于嵌入式编程，若只能顺序执行任务，则无法对特定任务进行实时响应，所以中断（尤其是外部中断）对于用户来说是需要十分重视的资源。

发生某内部或外部事件使得 CPU 暂停当前程序段的运行，转而去处理相应事件特殊代码的过程，称为异常。比如，常遇到的"HardFault"是通用错误异常，当除数为 0、形参类型错误、数组越界等错误发生时，都会跳转到这个异常的处理函数中。异常按照源可分为同步异常与异步异常，前者是由 CPU 内部事件导致的，如前面所说的除数为 0，会使指令在执行时发生错误；后者是由 CPU 外部事件（外设）导致的，如定时器、按键等外设，在溢出或被按下时会给内核发送一个信号。同步异常是必须立即进行处理的，因为事关 CPU 运行的正确性；而异步异常不一定需要立即处理，可以挂起或忽略。比如，串口传入数据，理睬或不理睬都不影响 CPU 实际运行，最终以满足用户的需求来处理即可。因此，中断是异步异常。

中断是单片机内核的一部分，RT-Thread 的中断开发过程与裸机开发过程并无二致。

3.2.2　中断处理过程与机制

在 RT-Thread 中，绝大多数时间 CPU 都在运行各个线程，如果此时某个中断信号进入，CPU 就会暂停当前线程的运行转而进入中断处理过程。因此，在中断开启的情况下，中断相对于线程是有一定特权的。中断信号的传递过程：外设——中断控制器（Cortex-M 中一般为 NVIC）——CPU。其中，中断控制器处理中断的过程一般分为四步：中断请求、中断进入、中断处理、中断返回。

（1）中断请求：当中断信号进入时，如果满足以下条件，则该中断请求成功，否则该中断请求失败或被标记为 Pending 并暂时挂起。

a．处理器正常运行，不处于 reset 等异常状态。

b．该中断处于使能状态且未被屏蔽。

c．当前没有更高优先级的中断服务正在运行。

中断系统有 256 个异常，其中前 16 个异常的优先级无法被用户更改（因为这些都是内核级别的异常，如 reset），后 240 个异常可以自定义优先级。

（2）中断进入：在真正进入中断服务程序（ISR）前，需要保留中断现场，也就是保留进入中断前运行内容的上下文，即将 R0～R3、R12、LR、PSR 这些寄存器值入栈保存；同时，系统还要从中断向量表中获取相应中断服务程序的入口地址。在 ARM Cortex-M 系列处理器中，所有中断都采用中断向量表的方式进行处理，即当触发一个中断时，处理器直接判定来自哪个中断源，然后跳转到相应的固定位置进行处理，中断服务程序必须都排列在一起并放在统一的地址（这个地址必须在 NVIC 的中断向量偏移寄存器中设置）。中断向量表一般由一个数组定义或在起始代码中给出。而在 ARM7、ARM9 中，一般先跳转进入 IRQ，然后由软件判断是哪个中断源触发的，获得相对应的中断服务程序入口地址后，再进行后续的中断处理。使用 ARM7、ARM9 的好处在于，所有中断都有统一的程序入口地址，便于操作系统统一管理。

（3）中断处理：运行对应的中断服务程序。

（4）中断返回：从步骤（2）的栈中取出相关寄存器的值，恢复进入中断前的上下文状态。

3.2.3 中断延迟与应用场景

了解了中断处理过程，在真正进入中断服务程序前要处理很多事情，就必然要将这些"预处理"时间纳入考量。虽然操作系统的响应很快了，但中断的处理仍然存在着中断延迟响应的问题，称为中断延迟（Interrupt Latency）。中断延迟是指从硬件中断发生到开始执行中断处理程序第一条指令之间的这段时间，也就是系统接收到中断信号到操作系统做出响应，并完成转入中断服务程序的时间。也可以简单地理解为，（外部）硬件（设备）发生中断，到系统运行中断服务程序的第一条指令的时间。

首先，显而易见的，在中断请求时，如果系统支持中断嵌套（支持优先级管理），则系统要查看当前是否有高优先级中断正在被处理，此处称为等待时间。

其次，在中断进入时，需要从中断向量表中取出中断服务程序首地址，这个时间称为识别时间。

最后，对于 RT-Thread，读者经过前两章内容的学习，一定对类似代码 3.14 的代码段有印象。

代码 3.14　屏蔽中断的代码段

```
level = rt_hw_interrupt_disable();
……
rt_hw_interrupt_enable(level);
```

代码 3.14 的第一行代码关闭了总中断，最后一行代码开启了总中断，而中间"……"部分的代码为何需要在不被打断的情况下运行？

代码中不允许被某些情况打断运行的代码段称为临界段或临界区，在 RTOS 中，很多资源，特别是一些全局变量，只能一次由一个线程或调度过程使用，称为临界资源。在临界段中，我们需要在进行一些操作的同时维持临界资源的稳定性，所以需要在临界段的首末加入一些操作。

在 RT-Thread 中，保护临界资源有三种形式。

● 使用 IPC（进程间通信机制）对临界资源进行保护，如信号量、互斥量等，如代码 3.15 所示。

代码 3.15　IPC 的临界资源保护（以互斥量为例）

```
rt_mutex_take(mutex1,RT_WAITING_FOREVER);
/*临界资源操作*/
rt_mutex_release(mutex1);
```

● 使用调度锁对临界资源进行保护，能够将调度器锁住，系统在临界段无法进行系统调度（无法关闭中断），如代码 3.16 所示。

代码 3.16　调度锁的临界资源保护

```
rt_enter_critical()
/*临界资源操作*/
rt_exit_critical();
```

● 使用中断锁对临界资源进行保护，能够关闭中断直至退出临界段，在临界资源的操作过程中不会进行任何中断响应，是最严格的临界资源保护手段，如代码 3.17 所示。

代码 3.17　中断锁的临界资源保护

```
level = rt_hw_interrupt_disable();
/*临界资源操作*/
rt_hw_interrupt_enable(level);
```

在 RT-Thread 中，链表是一个很重要的临界资源。在 rt_timer_start()函数中，我们通过逐个查询定时器运行链表来确认合适的节点插入位置。如果不进行临界资源保护，那么链表可能随时因为某个节点的加入或脱离而变动。如果某时刻确认了当前节点 x 插入位置应在 a_n 与 a_{n+1} 节点之间，即 a_n 之后；但还没等到 x 节点加入链表，就产生某个中断并启动一个定时器，此定时器的节点 y 恰好也是插到 a_n 之后，由于中断优先级比线程优先级高，因此 y 会先于 x 插入链表；退出中断后，线程继续完成节点 x 插入 a_n 之后的操作，此时链表次序为 a_n—x—y—a_{n+1}。那么问题来了，如果 x 的超时时刻在 y 的超时时刻之后，那么链表的升序排列岂不是不能保证了？所以，对临界段的运行进行中断屏蔽是十分重要的。在这段中断被关闭的时间中，进入的中断信号会被挂起而一直等待，此时间被称为关闭时间。

综上所述，在时间上，中断延迟时间 = 识别时间 + [等待时间] + [关闭时间]。注意："[ ]"中的时间不一定都存在，此处为最大可能的中断延迟时间。

对于 Cortex-M 芯片来说，中断延迟的典型时间为 12～16 时钟周期，如图 3.6 所示。

Processors	Cycles with zero wait state memory
Cortex-M0	16
Cortex-M0+	15
Cortex-M3	12
Cortex-M4	12

图 3.6　Cortex-M 芯片的中断延迟的典型时间

那么，中断延迟的应用场景有哪些？一个是主动延迟，如临界资源保护；另一个是尽量减少中断延迟的时间，比如，尽量不要关总中断、不要在 ISR 中放置过多代码，而是对某些标记进行处理，如信号量、邮箱等 IPC。

3.2.4　中断实验

因为 RT-Thread 的中断设置和开发与裸机系统的中断设置和开发无异，所以此处不进行实验示范。

3.3　小结与思考

本章介绍 RT-Thread 的定时器系统与中断。定时器分为 SOFT 定时器与 HARD 定时器，两者的超时函数、超时时间检查位置均不同；操作系统的中断设置与裸机系统的中断设置没有太大差别，但操作系统中的屏蔽中断更为频繁，也更需要用户留意。

试思考：

① RT-Thread 的定时器系统是如何运作的？

② 在 3.1.5 节中，使用软件定时器需要进行两个配置，使能 RT_USING_ TIMER_SOFT 宏，并且将定时器类型设为 RT_TIMER_FLAG_SOFT_TIMER，结合源码思考，如果定时器类型为 SOFT，而 RT_USING_TIMER_SOFT 宏未使能，那么这个定时器将何去何从？是启动失败，还是会被视为 HARD 定时器？

③ 笔者在前两章都使用过 rt_thread_mdelay()函数，这个函数是怎样针对每个线程计时的？其超时函数又是什么？

④ 中断的处理过程是怎样的？中断延时包含哪几部分？

⑤ 进入中断前需要保存现场，将部分寄存器值压入栈中保存，这和线程调度时的上下文切换过程有何异同（比如，记录寄存器值所使用的栈）？

第 4 章　消息队列

4.1　消息队列简介

本章至第 6 章将讲解各种 IPC，消息队列（Message Queue）是笔者讲解的第一个 IPC。

消息队列服务线程与中断，能够实现线程与线程间、线程与中断间的不固定长度信息传递。在第 2 章讲解线程管理时提到，线程由运行状态转至挂起状态或由挂起状态转至就绪状态，都可以与消息队列有关：线程取消息时，若消息队列为空，则挂起自身并设定超时时间（timeout）；在某个线程往消息队列中发送消息或超时时间结束后，线程将恢复就绪状态。

既然命名为"队列"，那么消息队列的数据结构就是一个先进先出（FIFO）的链表。当一个线程或中断往消息队列中发送一条消息时，链表中将添加一个该消息的节点，以此对队列进行管理。如果等待消息的线程数有多个，那么如何分配消息呢？对此，RT-Thread 中有两套机制：其一，按照优先级来决定线程接收顺序，也就是说，优先级越高的线程将越早接收消息；其二，按照线程开始等待时刻的 FIFO 方式决定线程接收顺序，即线程越早因无消息而被挂起，就会越早接收消息。

RT-Thread 的消息队列系统提供了如下操作。

- 消息队列的创建、删除。
- 消息接收及其延时等待、阻塞式等待；消息发送及其延时等待、阻塞式等待。
- 紧急消息发送。
- 线程在排队接收消息时，可通过先进先出（FIFO）或优先级两种方式确定线程接收顺序。

4.2　消息队列的运作机制

消息队列和 SOFT 定时器一样，都是可裁剪的功能模块，需要使用时在 rt_cconfig.h 文件中定义 RT_USING_MESSAGEQUEUE，如代码 4.1 所示。不需要使用时，将此宏定义进行注释即可。

代码 4.1　消息队列宏定义

```
#define RT_USING_MESSAGEQUEUE
```

打开此宏定义后，就可以在程序中调用消息队列的相关函数了。

4.2.1　消息队列的组成与结构

消息队列与线程类似，同为内核对象，每个消息队列都有一个控制块，对消息队列进行整体性的定义和规划，内容如代码 4.2 所示。

代码 4.2　消息队列控制块

```
struct rt_messagequeue
{
```

```
    struct rt_ipc_object parent;                      /* 继承自 IPC 对象 */

    void                *msg_pool;                    /* 消息队列的首地址 */

    rt_uint16_t         msg_size;                     /* 每条消息的大小 */
    rt_uint16_t         max_msgs;                     /* 最大消息数 */

    rt_uint16_t         entry;                        /* 队列中的消息数目 */

    void                *msg_queue_head;              /* 表头 */
    void                *msg_queue_tail;              /* 表尾 */
    void                *msg_queue_free;              /* 空闲节点指针 */

    rt_list_t           suspend_sender_thread;        /* 发送消息，挂起线程链表 */
};
```

① parent：继承了 IPC 对象类型的变量。IPC 对象在之前介绍的对象的基础上，增加了一个 "挂起的线程" 的结构，如代码 4.3 所示。

代码 4.3　IPC 对象结构体

```
struct rt_ipc_object
{
    struct rt_object parent;                          /* 继承自 rt_object */

    rt_list_t           suspend_thread;               /* 在此资源上挂起的线程 */
};
```

suspend_thread（挂起的线程）是一个双向链表，与线程调度使用的优先级组中的一条链表是一样的。这个链表挂载了接收消息而未得，于是进入等待状态而挂起线程。

② msg_pool：消息队列的首地址。

③ msg_size：每条消息的大小。

④ max_msgs：该消息队列支持的最大消息数。

⑤ entry：队列的消息目录，也就是队列中的消息数目。

⑥ msg_queue_head：列表头指针，指向有效消息链表的头部，也是下一个将被读取的消息的位置。

⑦ msg_queue_tail：列表尾指针，指向有效消息链表的尾部，也是下一个将被写入的消息的位置。

⑧ msg_queue_free：空闲消息节点指针。

⑨ suspend_sender_thread：是一个双向链表。如果一个线程给消息队列发送消息，而消息队列无空闲消息（msg_queue_free 指向 RT_NULL），则将线程挂起，并挂载到 suspend_sender_thread 链表中。

因此，消息队列的大致结构如图 4.1 所示。

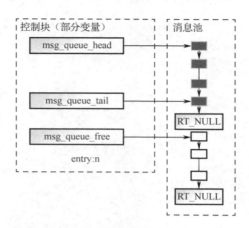

图 4.1　消息队列的大致结构

4.2.2　消息队列相关操作函数

1. rt_mq_init()

rt_mq_init()是静态的消息队列初始化函数，如代码 4.4 和表 4.1 所示。

代码 4.4　rt_mq_init()函数内容

```
rt_err_t rt_mq_init(rt_mq_t     mq,
                    const char *name,
                    void       *msgpool,
                    rt_size_t   msg_size,
                    rt_size_t   pool_size,
                    rt_uint8_t  flag)
{
    struct rt_mq_message *head;
    register rt_base_t temp;

    /* 检查参数 */
    RT_ASSERT(mq != RT_NULL);

    /* 初始化对象 */
    rt_object_init(&(mq->parent.parent), RT_Object_Class_MessageQueue, name); ①

    /* 设置 flag */
    mq->parent.parent.flag = flag; ②

    /* 初始化 IPC 对象 */
    rt_ipc_object_init(&(mq->parent)); ③

    /* 设置消息池 */
    mq->msg_pool = msgpool; ④

    /* 获取正确的消息内容的大小 */
    mq->msg_size = RT_ALIGN(msg_size, RT_ALIGN_SIZE);
    mq->max_msgs = pool_size / (mq->msg_size + sizeof(struct rt_mq_message)); ⑤
```

```
/* 初始化消息链表 */
mq->msg_queue_head = RT_NULL;
mq->msg_queue_tail = RT_NULL;        ⑥

/* 初始化空闲消息链表 */
mq->msg_queue_free = RT_NULL;
for (temp = 0; temp < mq->max_msgs; temp ++)
{
    head = (struct rt_mq_message *)((rt_uint8_t *)mq->msg_pool +
                    temp * (mq->msg_size + sizeof(struct rt_mq_message)));
    head->next = (struct rt_mq_message *)mq->msg_queue_free;
    mq->msg_queue_free = head;
}                                                                          ⑦

/* 初始消息数目为 0 */
mq->entry = 0;          ⑧

/*初始化一个额外的发送线程挂起链表 */
rt_list_init(&(mq->suspend_sender_thread));    ⑨

return RT_EOK;
}
```

表 4.1　rt_mq_init()函数的参数及含义

参　　数	含　　义
mq	消息队列控制块地址
name	消息队列名称
msgpool	消息池首地址
msg_size	每条消息内容的大小
pool_size	消息池大小
flag	消息读取机制，按先进先出/优先级

代码段①：初始化对象，将此消息列表加入对象池。

代码段②：保存消息读取机制标记，有两种读取机制，如代码 4.5 所示。

代码 4.5　消息读取机制宏定义

```
#define RT_IPC_FLAG_FIFO            0x00          /* FIFOed IPC. @ref IPC. */
#define RT_IPC_FLAG_PRIO            0x01          /* PRIOed IPC. @ref IPC. */
```

这两个消息读取机制都是针对因无消息可读，选择等待而挂起的线程的：FIFO 是先进先出方式，当消息队列中有消息时，从挂起链表中取出最早挂起的线程，并给予它此消息；PRIO 是优先级方式，当消息队列中有消息时，从挂起链表中取出优先级最高的线程，并给予它此消息。

代码段③：初始化 IPC 对象，也就是将 suspend_thread 双向链表首尾相接初始化。

代码段④：因为是静态消息队列，所以在初始化之前就定义了消息池头地址 msgpool，此处将这个地址传给控制块保存。

代码段⑤：将单个消息内容的大小按 4 字节对齐，计算最大消息数。由于静态消息队列的消息池是全局变量，因此总内存大小是固定的，最大消息数=总内存大小/（消息内容大小+消息头大小）。消息头 rt_mq_message 就是每条消息的链表节点。

代码段⑥：初始化头指针和尾指针。因为初始化时无有效消息，所以都指向 RT_NULL 无效值。

代码段⑦：初始化空闲指针。由于内存中的 msg_pool 是一块连续的内存，因此要对其进行定长格式化，即从首地址开始，每隔消息内容大小+消息头大小初始化一条消息，并将消息头相连，最终形成 RT_NULL←消息头 1←消息头 2←……←msg_queue_free 这样的单向链表，完成空闲队列的初始化。

代码段⑧：因为初始化时无有效消息，所以设置 entry 为 0。

代码段⑨：初始化 suspend_sender_thread 链表，它是一个双向链表，在使用前必须初始化，使其首尾相接。

初始化完成后，消息队列内部结构变成了图 4.2 所示的情况。

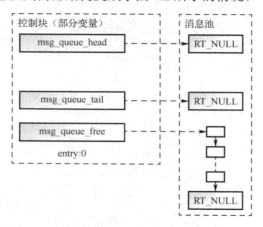

图 4.2　初始化后的消息队列内部结构

2．rt_mq_create()

rt_mq_create()是动态消息队列创建函数，与静态消息队列创建函数的区别和前述动态线程、静态线程的区别一致，此处不再赘述。

3．rt_mq_detach()

rt_mq_detach()是静态消息队列删除函数，如代码 4.6 和表 4.2 所示。

代码 4.6　rt_mq_detach()函数内容

```
 rt_err_t rt_mq_detach(rt_mq_t mq)
{
    RT_ASSERT(mq != RT_NULL);
    RT_ASSERT(rt_object_get_type(&mq->parent.parent)== RT_Object_Class_MessageQueue);    ①
    RT_ASSERT(rt_object_is_systemobject(&mq->parent.parent));
    rt_ipc_list_resume_all(&mq->parent.suspend_thread);    ②
    rt_ipc_list_resume_all(&(mq->suspend_sender_thread));
```

```
        rt_object_detach(&(mq->parent.parent)); ③
        return RT_EOK;
}
```

表 4.2　rt_mq_detach()函数的参数及含义

参　　数	含　　义
mq	静态消息队列控制块地址

代码段①：确保目标消息队列是静态的。

代码段②：在消息队列中有两条双向链表，一条管理因得不到消息而挂起的线程；另一条管理因无法发送消息而挂起的线程。在删除消息队列时，需要删除这两条链表，恢复链表中所有挂起的线程，并返回错误信息（无法接收或无法发送）。

代码段③：清除消息队列的对象信息。

4．rt_mq_delete()

rt_mq_delete()是动态消息队列的删除函数，与 rt_mq_detach()函数相比，它释放了动态申请的内存，其他操作与 rt_mq_detach()函数的操作无异。在嵌入式系统中，内存资源十分有限，因此用户需要即取即用，不用即删，这个原则适用于所有动态内核对象。

5．rt_mq_send_wait()

rt_mq_send_wait()是消息发送并等待函数，可以设置等待时间，如代码 4.7 与表 4.3 所示。

代码 4.7　rt_mq_send_wait()函数内容

```
rt_err_t rt_mq_send_wait(rt_mq_t        mq,
                        const void *buffer,
                        rt_size_t    size,
                        rt_int32_t   timeout)
{
    register rt_ubase_t temp;
    struct rt_mq_message *msg;
    rt_uint32_t tick_delta;
    struct rt_thread *thread;

    /* 检查参数 */
    RT_ASSERT(mq != RT_NULL);
RT_ASSERT(rt_object_get_type(&mq->parent.parent) == RT_Object_Class_MessageQueue);
    RT_ASSERT(buffer != RT_NULL);                                              ─┐
    RT_ASSERT(size != 0);                                                       │
                                                                               ├─①
    /* 比一条消息内容的大小大 */                                                │
    if (size > mq->msg_size)                                                    │
        return -RT_ERROR;                                                     ─┘

    /* 初始化 tick_delta */
    tick_delta = 0;
    /* 获取当前线程的控制块 */
    thread = rt_thread_self();
```

```
RT_OBJECT_HOOK_CALL(rt_object_put_hook, (&(mq->parent.parent)));

/*关闭中断 */
temp = rt_hw_interrupt_disable();

/* 获取一个空闲链表，必须有一个空闲节点 */
msg = (struct rt_mq_message *)mq->msg_queue_free;
/* 用于非阻塞调用 */
if (msg == RT_NULL && timeout == 0)
{
    /* 启用中断 */
    rt_hw_interrupt_enable(temp);                              ②

    return -RT_EFULL;
}

/* 消息队列已满 */
while ((msg = mq->msg_queue_free) == RT_NULL)
{
    /* 重置线程错误码 */
    thread->error = RT_EOK;

    /* 不等待，返回超时 */
    if (timeout == 0)
    {                                                          ③
        /* 启用中断 */
        rt_hw_interrupt_enable(temp);

        return -RT_EFULL;
    }

    RT_DEBUG_IN_THREAD_CONTEXT;
    /* 挂起当前线程 */
    rt_ipc_list_suspend(&(mq->suspend_sender_thread),          ④
                        thread,
                        mq->parent.parent.flag);

    /* 若等待时间未结束，则启动线程内置定时器 */
    if (timeout > 0)
    {
        /* 获取定时器的起始时刻 */
        tick_delta = rt_tick_get();

        RT_DEBUG_LOG(RT_DEBUG_IPC, ("mq_send_wait: start timer of thread:%s\n",   ⑤
                                    thread->name));

        /* 重置线程定时器的超时时间并启动 */
        rt_timer_control(&(thread->thread_timer),
                         RT_TIMER_CTRL_SET_TIME,
```

```
                                 &timeout);
        rt_timer_start(&(thread->thread_timer));
    }

    /* 启用中断 */
    rt_hw_interrupt_enable(temp);

    /* 重新进行系统调度 */
    rt_schedule();

    /* 从挂起状态中恢复 */
    if (thread->error != RT_EOK)
    {
        /* 返回 error */
        return thread->error;
    }

    /* 关闭中断 */
    temp = rt_hw_interrupt_disable();

    /* 如果不是永久等待，则重新计算超时时间 */
    if (timeout > 0)
    {
        tick_delta = rt_tick_get() - tick_delta;
        timeout -= tick_delta;
        if (timeout < 0)
            timeout = 0;
    }
}

/* 移动空闲链表指针 */
mq->msg_queue_free = msg->next;

/* 启用中断 */
rt_hw_interrupt_enable(temp);

/* msg 是新表尾，next 指向 RT_NULL */
msg->next = RT_NULL;
/* 复制缓存 */
rt_memcpy(msg + 1, buffer, size);

/* 关闭中断 */
temp = rt_hw_interrupt_disable();
/* 将 msg 与消息队列连接 */
if (mq->msg_queue_tail != RT_NULL)
{
    /* 如果表尾存在， */
    ((struct rt_mq_message *)mq->msg_queue_tail)->next = msg;
}
```

⑤ ⑥ ⑦ ⑧ ⑨

```
    /* 则设置新表尾 */
    mq->msg_queue_tail = msg;    ⑩
    /* 如果表头为空，则设置表头 */
    if (mq->msg_queue_head == RT_NULL)      ⑪
        mq->msg_queue_head = msg;


    if(mq->entry < RT_MQ_ENTRY_MAX)
    {
        /* 增加消息数目 */
        mq->entry ++;
    }
    else                                              ⑫
    {
        rt_hw_interrupt_enable(temp); /* 启用中断 */
        return -RT_EFULL; /* value overflowed */
    }

    /* 恢复挂起的线程 */
    if (!rt_list_isempty(&mq->parent.suspend_thread))
    {
        rt_ipc_list_resume(&(mq->parent.suspend_thread));

        /* 启用中断 */
        rt_hw_interrupt_enable(temp);                  ⑬

        rt_schedule();

        return RT_EOK;
    }

    /* 启用中断 */
    rt_hw_interrupt_enable(temp);

    return RT_EOK;
}
```

表 4.3 rt_mq_send_wait()函数的参数及含义

参 数	含 义
mq	消息发送的目标消息队列控制块
buffer	消息内容所在的内存单元首地址
size	消息长度
timeout	超时时间

这段源码可分为两部分：第一部分截止于代码段⑦，内容为确认各参数的合理性及对无空闲消息的延时进行处理；第二部分由代码段⑧开始，确认消息池中存在空闲消息后，进行正常的消息队列发送操作。

代码段①：确认 buffer 非空，以及消息内容大小的合理性。

　　代码段②：取空闲消息节点赋值给 msg；对于 timeout 为 0（不等待）的发送请求，直接返回"消息队列已满"的操作错误码。

　　代码段③：此处至代码段⑦都是针对无空闲消息且发送请求设置了超时时间的情况。先重置线程错误码，之后进行检查（线程出现问题必须立即退出消息发送过程，转而处理线程错误）；在这个 while 循环中，timeout 会不断更新，随着时间的减少，如果某次循环中 timeout 为 0，则说明已经超时，而此时由于还在循环中，因此空闲消息节点仍然为 RT_NULL，依旧没有空闲消息，那么返回"消息队列已满"的操作错误码-RT_EFULL。

　　代码段④：因为没有空闲消息，所以需要将线程挂起，并挂入 suspend_sender_thread 链表，这些操作都能通过 rt_ipc_list_suspend() 函数实现。

　　代码段⑤：如果超时时间未到，就调用 rt_timer_control() 与 rt_timer_start() 函数，对线程自带的定时器进行定时时间设置并启动。在第 2 章中讲过，在线程挂起后需要进行一次线程调度 rt_schedule()，因为 rt_thread_suspend() 函数（在 rt_ipc_list_suspend() 函数中使用）内部不含线程调度操作。

　　代码段⑥：在挂起当前线程至定时结束的整个过程中，如果当前线程出现问题，就要退出这个消息发送过程，转而处理线程错误。

　　代码段⑦：因为刚刚进行了定时、挂起操作，所以此时需要更新 timeout 值，以便在进入下一个循环时进行时间判断。

　　代码段⑧：此处开始为正式的消息插入队列操作。在将当前空闲消息节点填入消息前，需要将其脱离空闲消息链表，即让 msg_queue_free 指向下一个空闲消息节点，并使当前空闲消息节点 msg 的 next 节点指向 RT_NULL。为什么要指向 RT_NULL 呢？其一，因为在脱离空闲消息链表后，当前节点变为游离节点，游离节点必须指向 RT_NULL；其二，当前空闲节点脱离空闲消息链表后，最终要接入有效链表的尾部 msg_queue_tail，而尾部节点的 next 节点是指向 RT_NULL 的，所以让 next 节点指向 RT_NULL 也是为后面的操作做铺垫。在完成对节点的操作后，用 rt_memcpy() 函数将 buffer 中的消息内容复制到 msg 消息容器中。

　　代码段⑨：如果有效消息链表尾部节点非空（不指向 RT_NULL），就让目前的尾部节点的 next 节点为 msg，msg 就接入了有效消息链表。

　　代码段⑩：因为有效消息链表尾部接入了新的消息，所以要更新 msg_queue_tail 指针，使其指向新接入的节点。

　　代码段⑪：如果头部节点指向 RT_NULL，就使其指向新接入的节点 msg。

　　什么时候头部节点和尾部节点都指向 RT_NULL 呢？是在消息队列为空时。

　　代码段⑫：更新有效消息数量 entry。如果数量未超过允许的最大值，就加 1，否则返回错误码。

　　代码段⑬：如果有想要获取消息而挂起的线程（suspend_thread 链表非空），就调用 rt_ipc_list_resume() 函数并立即调用 rt_schedule() 进行系统调度，如代码 4.8 与表 4.4 所示。

代码 4.8　rt_ipc_list_resume() 函数内容

```
rt_inline rt_err_t rt_ipc_list_resume(rt_list_t *list)
{
    struct rt_thread *thread;
```

```
/* get thread entry */
thread = rt_list_entry(list->next, struct rt_thread, tlist);

RT_DEBUG_LOG(RT_DEBUG_IPC, ("resume thread:%s\n", thread->name));

/* resume it */
rt_thread_resume(thread);

return RT_EOK;
}
```

表 4.4　rt_ipc_list_resume()函数的参数及含义

参　　数	含　　义
list	需要从挂起链表中恢复的线程节点

rt_ipc_list_resume()函数直接调用了 rt_thread_resume()函数，对线程进行恢复操作。

6. rt_mq_send()

rt_mq_send()是无等待消息发送函数，如代码 4.9 与表 4.5 所示。

代码 4.9　rt_mq_send()函数内容

```
rt_err_t rt_mq_send(rt_mq_t mq, const void *buffer, rt_size_t size)
{
    return rt_mq_send_wait(mq, buffer, size, 0);
}
```

表 4.5　rt_mq_send()函数的参数及含义

参　　数	含　　义
mq	消息发送的目标消息队列控制块
buffer	消息内容所在的内存单元首地址
size	消息长度

rt_mq_send()函数直接调用另一个函数 rt_mq_send_wait()，因为 rt_mq_send_wait()函数参数中 timeout 为 0，所以 rt_mq_send()函数不会对操作进行等待，若无空闲消息节点，就直接返回错误码。

7. rt_mq_urgent()

rt_mq_urgent()是紧急消息发送函数，会直接将消息插入有效消息链表的头部，如代码 4.10 与表 4.6 所示。

代码 4.10　rt_mq_urgent()函数内容

```
rt_err_t rt_mq_urgent(rt_mq_t mq, const void *buffer, rt_size_t size)
{
    register rt_ubase_t temp;
    struct rt_mq_message *msg;

    /* 检查参数 */
```

```
    RT_ASSERT(mq != RT_NULL);
RT_ASSERT(rt_object_get_type(&mq->parent.parent)==RT_Object_Class_MessageQueue);
    RT_ASSERT(buffer != RT_NULL);
    RT_ASSERT(size != 0);

    /* 比一条消息内容大小要大 */
    if (size > mq->msg_size)
        return -RT_ERROR;

    RT_OBJECT_HOOK_CALL(rt_object_put_hook, (&(mq->parent.parent)));

    /* 关闭中断 */
    temp = rt_hw_interrupt_disable();

    /* 获取一个空闲链表，必须有一个空闲节点  */
    msg = (struct rt_mq_message *)mq->msg_queue_free;
    /* 消息队列已满 */
    if (msg == RT_NULL)
    {
        /* 启用中断 */
        rt_hw_interrupt_enable(temp);

        return -RT_EFULL;
    }
    /* 移动空闲链表指针 */
    mq->msg_queue_free = msg->next;

    /* 启用中断 */
    rt_hw_interrupt_enable(temp);

    /* 复制缓存 */
    rt_memcpy(msg + 1, buffer, size);

    /* 关闭中断 */
    temp = rt_hw_interrupt_disable();

    /* 将 msg 连接到消息队列开头 */
    msg->next = (struct rt_mq_message *)mq->msg_queue_head;   ┐
    mq->msg_queue_head = msg;                                 ┘ ①

    /* 如果无表尾 */
    if (mq->msg_queue_tail == RT_NULL)   ┐
        mq->msg_queue_tail = msg;        ┘ ②

    if(mq->entry < RT_MQ_ENTRY_MAX)
    {
        /* 增加消息数目 */
        mq->entry ++;
    }
    else
```

```
{
    rt_hw_interrupt_enable(temp); /* 启用中断 */
    return -RT_EFULL; /* 消息数目溢出 */
}

/* 恢复挂起线程 */
if (!rt_list_isempty(&mq->parent.suspend_thread))
{
    rt_ipc_list_resume(&(mq->parent.suspend_thread));

    /* 启用中断 */
    rt_hw_interrupt_enable(temp);

    rt_schedule();

    return RT_EOK;
}

/* 启用中断 */
rt_hw_interrupt_enable(temp);

return RT_EOK;
}
```

表 4.6　rt_mq_urgent()函数的参数及含义

参　　　数	含　　　义
mq	消息发送的目标消息队列控制块
buffer	消息内容所在的内存单元首地址
size	消息长度

rt_mq_urgent()函数内容与 rt_mq_send_wait()函数内容相似，注意有以下几处不同。

（1）while ((msg = mq->msg_queue_free) == RT_NULL)循环结构被删去，即对无空闲消息节点的情况不做等待，直接返回错误码-RT_EFULL。

（2）rt_mq_urgent()函数的代码段①与代码段②：将消息节点接入有效消息链表的头部，并使 msg_queue_head 指针指向新增的消息节点，也就是将新的消息插入队列的最前端。这样的插队行为说明该消息具有紧急性。

8. rt_mq_recv()

rt_mq_recv()是消息接收函数，用于接收有等待时间的消息，如代码 4.11 与表 4.7 所示。

代码 4.11　rt_mq_recv()函数内容

```
rt_err_t rt_mq_recv(rt_mq_t    mq,
                    void       *buffer,
                    rt_size_t  size,
                    rt_int32_t timeout)
{
    struct rt_thread *thread;
    register rt_ubase_t temp;
```

```
struct rt_mq_message *msg;
rt_uint32_t tick_delta;

/* 检查参数 */
RT_ASSERT(mq != RT_NULL);
RT_ASSERT(rt_object_get_type(&mq->parent.parent)== RT_Object_Class_MessageQueue);   ①
RT_ASSERT(buffer != RT_NULL);
RT_ASSERT(size != 0);

/* 初始化 tick_delta */
tick_delta = 0;
/* 获取当前线程的控制块 */
thread = rt_thread_self();
RT_OBJECT_HOOK_CALL(rt_object_trytake_hook, (&(mq->parent.parent)));

/* 关闭中断 */
temp = rt_hw_interrupt_disable();

/* 对于非阻塞调用 */
if (mq->entry == 0 && timeout == 0)
{
    rt_hw_interrupt_enable(temp);                                                    ②

    return -RT_ETIMEOUT;
}

/* 消息队列为空*/
while (mq->entry == 0)
{
    RT_DEBUG_IN_THREAD_CONTEXT;

    /* 重置线程错误码 */
    thread->error = RT_EOK;   ③

    /* 不等待，返回超时 */
    if (timeout == 0)
    {
        /* 启用中断 */
        rt_hw_interrupt_enable(temp);                                                ④

        thread->error = -RT_ETIMEOUT;

        return -RT_ETIMEOUT;
    }

    /* 挂起当前线程 */
    rt_ipc_list_suspend(&(mq->parent.suspend_thread),
                        thread,                                                      ⑤
                        mq->parent.parent.flag);
```

```
        /* 有等待时间，启动定时器 */
        if (timeout > 0)
        {
            /* 获取定时器开始时间 */
            tick_delta = rt_tick_get();

            RT_DEBUG_LOG(RT_DEBUG_IPC, ("set thread:%s to timer list\n",
                                        thread->name));

            /* 重置线程定时器的超时时间并启动 */
            rt_timer_control(&(thread->thread_timer),
                             RT_TIMER_CTRL_SET_TIME,
                             &timeout);
            rt_timer_start(&(thread->thread_timer));
        }                                                         ⑥

        /* 启用中断 */
        rt_hw_interrupt_enable(temp);

        /* 重新进行系统调度 */
        rt_schedule();      ⑦

        /* 接收消息 */
        if (thread->error != RT_EOK)
        {
            /* 返回 error */                    ⑧
            return thread->error;
        }

        /* 关闭中断 */
        temp = rt_hw_interrupt_disable();

        /* 如果不是一直等待，则重新计算超时时间 */
        if (timeout > 0)
        {
            tick_delta = rt_tick_get() - tick_delta;
            timeout -= tick_delta;                          ⑨
            if (timeout < 0)
                timeout = 0;
        }
    }

    /* 从队列中获取消息 */
    msg = (struct rt_mq_message *)mq->msg_queue_head;

    /* 移动消息队列表头 */                                      ⑩
    mq->msg_queue_head = msg->next;
    /* 寻找表尾，设为 NULL */
    if (mq->msg_queue_tail == msg)
        mq->msg_queue_tail = RT_NULL;      ⑪
```

```
/* 减少消息数目 */
if(mq->entry > 0)
{                          ⑫
    mq->entry --;
}

/* 启用中断 */
rt_hw_interrupt_enable(temp);

/* 复制消息 */
rt_memcpy(buffer, msg + 1, size > mq->msg_size ? mq->msg_size : size); ⑬

/* 关闭中断 */
temp = rt_hw_interrupt_disable();
/* 将 msg 置入空闲链表 */
msg->next = (struct rt_mq_message *)mq->msg_queue_free;   ⑭
mq->msg_queue_free = msg;

/* 恢复挂起的线程 */
if (!rt_list_isempty(&(mq->suspend_sender_thread)))
{
    rt_ipc_list_resume(&(mq->suspend_sender_thread));

    /* 启用中断 */
    rt_hw_interrupt_enable(temp);
                                                                        ⑮
    RT_OBJECT_HOOK_CALL(rt_object_take_hook, (&(mq->parent.parent)));

    rt_schedule();

    return RT_EOK;
}

/* 启用中断 */
rt_hw_interrupt_enable(temp);

RT_OBJECT_HOOK_CALL(rt_object_take_hook, (&(mq->parent.parent)));

return RT_EOK;
}
```

表 4.7　rt_mq_recv()函数的参数及含义

参　　数	含　　义
mq	消息发送的目标消息队列控制块
buffer	消息内容所在的内存单元首地址
size	消息长度
timeout	超时时间

rt_mq_recv()函数与 rt_mq_send()函数在结构上十分相似，读者不妨先单独地理解一下。

代码段①：检查 buffer、size 等参数的合理性。

代码段②：对于不进行等待（timeout 为 0）的情况，如果有效消息数目（entry）为 0，则直接退出并返回超时操作错误码-RT_ETIMEOUT。

代码段③（进入无有效消息的等待循环）：重置线程错误码，以便后续发现错误时及时处理。

代码段④：如果超时时间结束，则退出并返回超时线程错误码和超时操作错误码。

代码段⑤：挂起线程并挂入 suspend_thread 链表，此链表是接收消息操作的线程。

代码段⑥：如果超时时间没结束，就调用 rt_timer_control()函数和 rt_timer_start()函数对线程内的定时器进行设置并启动。

代码段⑦：只有在挂起线程后紧接着进行线程调度，系统才会切换线程。

代码段⑧：如果在线程挂起期间出现了任何错误，就结束等待并返回。

代码段⑨（循环的末尾）：对于每一次循环，更新 timeout 的值，以便在下一次循环开始时进行超时时间检查。

代码段⑩：取有效消息链表的头部节点给 msg 局部变量，并使头部节点脱离链表，让 msg_queue_head 指向下一个有效消息节点。

代码段⑪：如果尾部节点指针 msg_queue_tail 指向 msg，就说明有效消息链表只有一个有效消息，那么在其脱离后应使 msg_queue_tail 指向 RT_NULL。

代码段⑫：更新有效消息数目 entry。

代码段⑬：将 msg 节点中的消息内容复制到 buffer 供线程调用。

代码段⑭：将 msg 节点接入空闲消息链表。

代码段⑮：如果 suspend_sender_thread 非空，即之前因为无空闲消息节点而发送不了消息被挂起的线程非空，则将其恢复至就绪状态，使其能够利用刚刚释放的空闲消息节点发送消息。

9. rt_mq_control()

rt_mq_control()是消息队列控制函数。这个函数只支持消息队列的重置操作，就是将消息队列重新初始化，如代码 4.12 与表 4.8 所示。

代码 4.12　rt_mq_control()函数内容

```
rt_err_t rt_mq_control(rt_mq_t mq, int cmd, void *arg)
{
    rt_ubase_t level;
    struct rt_mq_message *msg;
    /* 检查参数*/
    RT_ASSERT(mq != RT_NULL);
    RT_ASSERT(rt_object_get_type(&mq->parent.parent) == RT_Object_Class_MessageQueue);  ①

    if (cmd == RT_IPC_CMD_RESET) ②
    {
        /* 关闭中断 */
        level = rt_hw_interrupt_disable();
```

```
        /* 恢复所有等待接收消息的线程 */
        rt_ipc_list_resume_all(&mq->parent.suspend_thread);
        /* 恢复所有等待发送消息的线程 */                        ③
        rt_ipc_list_resume_all(&(mq->suspend_sender_thread));

        /* 释放队列中的所有消息 */
        while (mq->msg_queue_head != RT_NULL)
        {
            /*从队列中获取消息 */
            msg = (struct rt_mq_message *)mq->msg_queue_head;

            /* 移动消息队列表头 */
            mq->msg_queue_head = msg->next;
            /* 到达表尾，设为 RT_NULL */
            if (mq->msg_queue_tail == msg)                      ④
                mq->msg_queue_tail = RT_NULL;

            /* 将消息节点接入空闲链表 */
            msg->next = (struct rt_mq_message *)mq->msg_queue_free;
            mq->msg_queue_free = msg;
        }

        /* 清空消息数目 */
        mq->entry = 0;

        /* 启用中断*/
        rt_hw_interrupt_enable(level);

        rt_schedule();

        return RT_EOK;
    }

    return -RT_ERROR;
}
```

表 4.8　rt_mq_control()函数参数及含义

参　　数	含　　义
mq	控制指令的目标消息队列控制块
cmd	控制命令
arg	外部参数地址，没有用到

　　如果参数 cmd 为 RT_IPC_CMD_RESET，就对消息队列进行重置，将所有有效消息节点都转至空闲消息链表，并恢复所有因消息队列而挂起的线程。

　　代码段①：检查参数。

　　代码段②：如果控制指令为 RT_IPC_CMD_RESET，就执行操作；否则直接返回错误码。

　　代码段③：恢复所有因无空闲节点发送不了消息，或者因无有效节点接收不到消息而挂起的线程，清空 suspend_thread 和 suspend_sender_thread 两个链表。

代码段④：将有效消息链表中的节点逐个脱离并转接到空闲消息链表中，最终使 msg_queue_head 与 msg_queue_tail 均指向 RT_NULL，所有消息节点都挂载到 msg_queue_free 上。

4.3　注意事项

（1）消息队列的发送函数与接收函数都提供了延时等待和阻塞功能，因此，不要在中断中使用延时或阻塞式的消息队列相关函数；可以利用第 5 章讲解的信号量、互斥量这样的"标记"，使用中断间接地收送消息。

（2）rt_mq_send_wait() 函数和 rt_mq_recv() 函数有一个重要的共同点，即对于延时等待的控制都限制在 timeout==0 及 timeout>0 的范围，为 0 说明不等待或等待时间到，大于 0 说明使用了延时等待。那么问题来了，timeout 是 rt_int32_t 类型的变量，是有符号的，当 timeout<0 时会发生什么呢？不妨再回头看一看，会发现在判定是否有空闲节点或有效消息的 while 循环中，只剩下"挂起线程""系统调度""线程错误码判定"的内容了，也就是说，挂起并进入了死循环，直到某个线程发送有效消息，才会将其恢复并退出循环。因此，只要 timeout<0，线程就会进入阻塞状态，等不到消息就一直挂起。RT-Thread 中有一个 IPC 阻塞状态的宏，如代码 4.13 所示。

代码 4.13　IPC 阻塞状态的宏

```
#define RT_WAITING_FOREVER          -1              /**< Block forever until get resource. */
```

给 timeout 参数赋此值，就能使发送/接收消息的操作进入阻塞状态。

4.4　消息队列实验

本实验设计一个串口读取线程与 LCD 显示线程之间以消息队列为 IPC 的实例。串口接收长度不大于 8 的字符串，通过消息队列发送给 LCD 线程并显示出来，LCD 线程在每次死循环中对消息列表进行读取操作，如代码 4.14 所示。

代码 4.14　消息队列实验

```
#define LCD_THREAD_STACK_SIZE 512
rt_thread_t lcd;
struct rt_thread rec_uart;
static rt_uint8_t rec_uart_stack[512];
rt_mq_t uart_plate;
/* 定时器超时函数 */
void led_timeout(void *arg)
{
    bsp_LedToggle(2);
}
/* 创建线程 LCD */
void lcd_thread_entry(void *arg)
{
    while(1)
    {
```

```
        char str[25];
        char plate[8] = {0};
        rt_uint8_t err;

        err = rt_mq_recv(uart_plate,plate,8,2000);
        if(err == RT_EOK)
        {
            sprintf(str,"code receive: %s\r\n",plate);
        }else{
            sprintf(str,"no new code received\r\n");
        }

        set_font();
        LCD_ClrScr(CL_BLUE);
        LCD_SetBackLight(BRIGHT_DEFAULT);
        LCD_DispStr(5, 5, str, &tFont12);
        printf(str);

    }
}

void rec_uart_entry(void *arg)
{
    while(1)
    {
        rt_uint8_t err = 1;
        rt_uint8_t temp = '\0';
        rt_uint8_t text[9];
        rt_uint8_t cnt = 0;


    err = comGetChar(COM1,&temp);
    while(err == 1)
    {
            text[cnt] = temp;
            cnt++;
            err = comGetChar(COM1,&temp);
    }

        text[cnt] = '\0';

        if(cnt == 0)
        {
            rt_thread_mdelay(500);
        }else{
            rt_mq_send_wait(uart_plate,text,strlen((char*)text)+1,15);
        }
    }
}
```

```
int main(void)
{

    /* 关闭调度器 */
    rt_enter_critical();

    /* 创建并启动 LCD 线程 */
    lcd=rt_thread_create("LCD",lcd_thread_entry,RT_NULL,LCD_THREAD_STACK_SIZE,13,0);
    if(lcd != RT_NULL)
    {
        rt_kprintf("thread LCD create successfully\n");
        rt_thread_startup(lcd);
    }else{
        rt_kprintf("thread LCD create failed\n");
    }

    rt_base_t rec_err;
    /* 初始化并启动串口接收线程 */
rec_err=rt_thread_init(&rec_uart,"REC_UART",rec_uart_entry,RT_NULL,rec_uart_stack,512,1
4,0);
if(rec_err == RT_EOK)
    {
        rt_kprintf("thread uart_rec create successfully");
        rt_thread_startup(&rec_uart);
    }else{
        rt_kprintf("thread uart_rec create failed");
    }

    /* 创建消息队列 */
    uart_plate = rt_mq_create("uart_plate",8,10,RT_IPC_FLAG_FIFO);
    if(uart_plate != RT_NULL)
    {
        rt_kprintf("mq uart create successfully");
    }else{
        rt_kprintf("mq uart create failed");
    }

    /* 开启调度器 */
    rt_exit_critical();
}
```

  读者重点看代码加粗部分。与之前的实验不同的是，此处创建了 rec_uart 线程与 uart_plate 消息队列。本实验的串口接收操作通过轮询实现，需要创建一个 rec_uart 线程。在线程中若无有效串口数据，则将自身挂起 500ms；否则读入一串连续的数据，设置成字符串格式，发送至消息队列 uart_plate。在 LCD 线程中读取消息队列，读取操作为阻塞式，若读到消息，则显示在屏幕上，同时通过串口发送接收完毕的信息。

4.5　小结与思考

　　本章介绍 IPC 组件的首个模块——消息队列。消息队列是内核对象，因此有相应的控制块，此外还有消息池。消息队列的操作有创建、初始化、发送、接收等。对消息队列的理解有助于用户掌握其他 IPC 模块。

　　试思考：

　　① 消息队列在消息池满和消息池空时，对消息发送和消息接收的申请各有哪些响应？

　　② 消息队列中的 suspend_thread 和 suspend_sender_thread 两个链表在作用上有何异同？

　　③ 用户对链表结构应该不陌生。在第 2 章和第 3 章中讲到了双向链表，而在本章及后面几章中会讲解单向链表。试思考，为何有的地方使用单向链表，有的地方使用双向链表？

第5章 信号量与互斥量

5.1 信号量与互斥量简介

作为 IPC 中的两员，信号量与互斥量都用于线程间的通信与控制，二者既有不同之处，也有相同之处。第 4 章介绍的消息队列能够实现线程间不定长的消息传递，而本章信号量与互斥量则实现当线程间具有公共资源（临界资源）时线程间的同步、协调运作，以及对临界资源的维护。

谈到信号量与互斥量的区别，就需要了解"同步"与"互斥"的区别。

"同步"是指在大多数情况下，在互斥的基础上通过其他机制实现访问者对资源的有序访问。在大多数情况下，同步已经实现了互斥，特别是所有写入资源的情况必须是互斥的，如对 Flash 的写入操作，各个写入操作必须是互斥的，但等待的队列是有序的。在少数情况下，可以允许多个访问者同时访问资源。

"互斥"是指某个资源同一时刻只允许一个访问者对其进行访问，具有唯一性和排他性。但互斥无法限制访问者对资源的访问顺序，即访问是无序的。

所以，信号量与互斥量的根本区别就在于"同步"与"互斥"。

在广义上，同步也可理解为通过一定的信号进行线程间有序地互相制约、互相协调的运作过程。所以，信号量、互斥量及第 6 章中的事件，都是实现线程间同步的模块，只收送信息，不支持信息传输。

5.2 信号量

信号量是操作系统中一种用于解决线程间同步或线程与外部信号间同步的 IPC。不同于消息队列，信号量在内容上是一个整型变量，可以视为"计数器"，在形式上类似消息队列中的 entry（有效消息数目）。当某个线程释放信号量时，信号量值加 1，而当某个线程取用信号量时，信号量值减 1；当信号量值为 0 时，无法取用线程，将进入延时等待状态或阻塞状态。按照使用场景，可将信号量分为二值信号量和多值信号量。信号量运行流程图如图 5.1 所示。

1．二值信号量

n 的值只有 0、1 两种，也就是说，线程 X 和线程 Y 等依次运行，这样的信号量能保护临界资源，使其只能同时被一个线程操作。二值信号量在一些场合可以作为互斥量来使用。

二值信号量常用于一对一的单向释放——取用同步控制，最常用于中断和线程之间的触发式通信。在这种情况下，二值信号量充当了裸机开发中的标记位角色。比如，在裸机开发中，adc 完成一次扫描，在中断回调函数中设置某个 flag 为 1，在 main() 函数的轮询系统中，判断 flag 非 0 就处理一次 adc 的数据并清除 flag 值，否则跳过。在 RTOS 中，线程和信号量的加入能让这样的操作更加灵活和高效：我们可以让信号量负责 flag 的工作，在中断中设置 flag 为 1，某个倚仗 flag 运行的线程很可能处于阻塞等待状态，此时线程恢复就绪状态并执行相应代码。

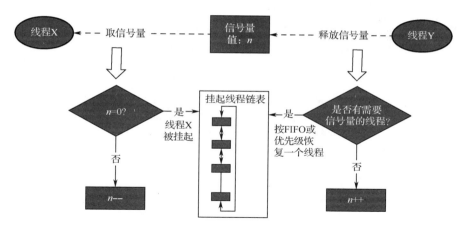

图 5.1　信号量运行流程图

　　除单向的释放—取用功能外，二值信号量还能进行双向释放—取用。具体来讲，信号量的释放—取用在线程中成对出现，处在二者之间的代码会按顺序执行。双向释放—取用实例如代码 5.1 所示。

代码 5.1　双向释放—取用实例

```
void thread1_entry(void *arg)
{
    ......
    while(1)
    {
        ......
        /* 取信号量 */
        rt_mq_take(......);
        ///////////////////////
        //                        A
        ///////////////////////
        /* 释放信号量 */
        rt_mq_release(......);
        ......
    }
}

void thread2_entry(void *arg)
{
    ......
    while(1)
    {
        ......
        /* 取信号量 */
        rt_mq_take(......);
        ///////////////////////
        //                        B
        ///////////////////////
        /* 释放信号量 */
```

```
        rt_mq_release(……);
        ……
    }
}
```

如此，代码段 A 与代码段 B 就会交替运行，实现双向的同步。需要注意的是，单向的同步控制常用于中断-线程之间；而双向的同步控制不能涉及中断，只能用于线程与线程之间，因为中断回调函数是外设信号进入后调用的，不能被信号量代替。

2. 多值信号量

n 的取值范围是 $0 \sim 65535$，用于对有限资源进行管理。其具体使用场合有两种，一种用作计数器，就像停车场车位管理系统，当有一辆车进入停车场（有线程申请取用信号量）时，信号量值就减 1。当无空闲车位时，信号量为零，此时有车想要进入停车场，车（线程）有三个选择，即马上离开（返回错误码）、等待一段时间和一直等待。在这种情况下，信号量的最大值代表允许同时访问临界资源的线程数量的最大值。另一种用作事件标志，一些事件所能唤起的线程可能不是唯一的，如在某些并行计算的算法之前有数据预处理线程，数据预处理线程运行完毕后可以释放多值信号量，用以同时激活并行计算的多个线程。

5.2.1　信号量控制块

通过信号量控制块，用户能直观地查看对象的各种属性。

信号量控制块如代码 5.2 所示。

代码 5.2　信号量控制块

```
struct rt_semaphore
{
    struct rt_ipc_object parent;                      /* inherit from ipc_object */

    rt_uint16_t          value;                       /* value of semaphore. */
    rt_uint16_t          reserved;                    /* reserved field */
};
```

parent：IPC 对象的结构体，内部除一般对象的内容外，还有等待接收 IPC 信号的挂起线程的链表。

value：信号量的值，代表当前可利用的信号量数目。

reserved：保留字段，未开发用途。

整体流程如下：value 记录剩余可用信号量，当信号量为 0 时，申请信号量的线程将被挂入 parent 的 suspend_thread 链表；当线程释放信号量时，将从挂起链表中按照优先级或 FIFO 方式恢复某个线程，若无线程，则 value 值加 1。

5.2.2　相关函数简介

1. rt_sem_init()

此函数为静态信号量初始化函数。若初始化成功，则返回 RT_EOK，如代码 5.3 与表 5.1 所示。

代码 5.3　rt_sem_init()函数内容

```
rt_err_t rt_sem_init(rt_sem_t    sem,
                     const char *name,
                     rt_uint32_t value,
                     rt_uint8_t  flag)
{
    RT_ASSERT(sem != RT_NULL);
    RT_ASSERT(value < 0x10000U);

    /* 初始化对象*/
    rt_object_init(&(sem->parent.parent), RT_Object_Class_Semaphore, name); ①

    /* 初始化 IPC 对象*/
    rt_ipc_object_init(&(sem->parent)); ②

    /* 设置初始值*/
    sem->value = (rt_uint16_t)value; ③

    /* 设置 flag*/
    sem->parent.parent.flag = flag; ④

    return RT_EOK;
}
```

表 5.1　rt_sem_init()函数的参数及含义

参　　数	含　　义
sem	信号量控制块指针
name	用户给信号量取的名称
value	信号量初始值
flag	suspend_thread 链表排列方式（线程读取机制）： RT_IPC_FLAG_FIFO（先进先出）、 RT_IPC_FLAG_PRIO（优先级从高到低）

代码段①：初始化对象。

代码段②：将 suspend_thread 链表初始化。

代码段③：初始化信号量的初始值。

代码段④：记录挂起线程读取机制，有 FIFO 方式，也有优先级方式。

2．rt_sem_create()

此函数为动态信号量创建函数。若创建成功，则返回响应的信号量控制块地址；若创建失败，则返回 RT_NULL，如代码 5.4 与表 5.2 所示。

代码 5.4　rt_sem_create()函数内容

```
rt_sem_t rt_sem_create(const char *name, rt_uint32_t value, rt_uint8_t flag)
{
    rt_sem_t sem;
```

```
RT_DEBUG_NOT_IN_INTERRUPT;
RT_ASSERT(value < 0x10000U);

/* 为对象分配内存 */
sem = (rt_sem_t)rt_object_allocate(RT_Object_Class_Semaphore, name);
if (sem == RT_NULL)
    return sem;

/*初始化 IPC 对象 */
rt_ipc_object_init(&(sem->parent));

/* 设置初始值 */
sem->value = value;

/* 设置 parent */
sem->parent.parent.flag = flag;

return sem;
}
```

表 5.2 rt_sem_create()函数的参数及含义

参　数	含　义
name	用户给信号量取的名称
value	信号量初始值
flag	suspend_thread 链表排列方式（线程读取机制）：RT_IPC_FLAG_FIFO（先进先出）、RT_IPC_FLAG_PRIO（优先级从高到低）

rt_sem_create()函数与静态信号量初始化函数 rt_sem_init()相比，多了内存申请代码段，二者在其他方面无异，故不再赘述。

3．rt_sem_detach()
此函数为静态信号量删除函数。

4．rt_sem_delete()
此函数为动态信号量删除函数。

5．rt_sem_take()
此函数为信号量申请函数。若无剩余可用信号量，则挂起并返回、延时或阻塞等待。若申请成功，则返回 RT_EOK；若申请失败，则返回-RT_ETIMEOUT，如代码 5.5 与表 5.3 所示。

代码 5.5 rt_sem_take()函数内容

```
rt_err_t rt_sem_take(rt_sem_t sem, rt_int32_t time)
{
    register rt_base_t temp;
    struct rt_thread *thread;

    /* 检查参数 */
```

```
RT_ASSERT(sem != RT_NULL);
RT_ASSERT(rt_object_get_type(&sem->parent.parent) == RT_Object_Class_Semaphore);    ┐①
RT_OBJECT_HOOK_CALL(rt_object_trytake_hook, (&(sem->parent.parent)));               ┘

/* 关闭中断 */
temp = rt_hw_interrupt_disable();

RT_DEBUG_LOG(RT_DEBUG_IPC, ("thread %s take sem:%s, which value is: %d\n",
                            rt_thread_self()->name,
                            ((struct rt_object *)sem)->name,
                            sem->value));

if (sem->value > 0)
{                                                          ┐
    /* 信号量可用 */                                       │
    sem->value --;                                         │
                                                           ├②
    /* 启用中断 */                                         │
    rt_hw_interrupt_enable(temp);                          │
}                                                          ┘
else
{
    /* 不等待，返回超时 */
    if (time == 0)
    {                                                      ┐
        rt_hw_interrupt_enable(temp);                      ├③
        return -RT_ETIMEOUT;                               │
    }                                                      ┘
    else
    {
        /* 检查当前上下文 */
        RT_DEBUG_IN_THREAD_CONTEXT;                        ┐

        /*信号量不可用，压入挂起的链表 */                   │
        /*获取当前线程 */                                   │
        thread = rt_thread_self();                          │

        /* 重置线程错误码*/                                 │
        thread->error = RT_EOK;                            │
                                                           ├④
        RT_DEBUG_LOG(RT_DEBUG_IPC, ("sem take: suspend thread - %s\n",
                                    thread->name));         │

        /* 挂起线程*/                                      │
        rt_ipc_list_suspend(&(sem->parent.suspend_thread), │
                            thread,                         │
                            sem->parent.parent.flag);       │

        /* 有等待时间，启动线程定时器*/                      │
        if (time > 0)                                      │
        {                                                  ┘
```

```
        RT_DEBUG_LOG(RT_DEBUG_IPC, ("set thread:%s to timer list\n",
                            thread->name));

        /* 重置线程定时器的超时时间并启动*/
        rt_timer_control(&(thread->thread_timer),
                        RT_TIMER_CTRL_SET_TIME,
                        &time);
        rt_timer_start(&(thread->thread_timer));
    }

    /* 启用中断*/
    rt_hw_interrupt_enable(temp);

    /* 线程调度*/
    rt_schedule();

    if (thread->error != RT_EOK)
    {
        return thread->error;
    }
    }
}

RT_OBJECT_HOOK_CALL(rt_object_take_hook, (&(sem->parent.parent)));

return RT_EOK;
}
```

④ ⑤

表 5.3　rt_sem_take()函数的参数及含义

参　　数	含　　义
sem	信号量控制块指针
time	延时等待时间

代码段①：检查参数。

代码段②：如果当前信号量非零，则直接对其减 1 取用并返回。

代码段③：如果当前无可用信号量，并且 time 值为 0，那么不等待，立即返回错误码 -RT_ETIMEOUT。

代码段④：如果当前无可用信号量，并且 time 值不为 0，就将线程挂到 suspend_thread 链表。如果 time 值大于 0，就启动内置定时器指定挂起时间（如果 time 值小于 0，就一直等，参数为 RT_WAITING_FOREVER）。

代码段⑤：如果过程中出现线程错误，就返回（包括超时，因为线程自带定时器的超时函数会返回-RT_ETIMEOUT 错误码）。

6. rt_sem_trytake()

此函数为信号量获取函数，无等待时间，立即返回，如代码 5.6 与表 5.4 所示。

代码 5.6　rt_sem_trytake()函数内容

```
rt_err_t rt_sem_trytake(rt_sem_t sem)
```

```
{
    return rt_sem_take(sem, 0);
}
```

表 5.4　rt_sem_trytake()函数的参数及含义

参　　数	含　　义
sem	信号量控制块指针

此函数直接调用 rt_sem_take()函数，并且等待时间为 0。

7.　rt_sem_release()

此函数为信号量释放函数，如代码 5.7 与表 5.5 所示。

代码 5.7　rt_sem_release()函数内容

```
rt_err_t rt_sem_release(rt_sem_t sem)
{
    register rt_base_t temp;
    register rt_bool_t need_schedule;

    /*检查参数 */
    RT_ASSERT(sem != RT_NULL);
    RT_ASSERT(rt_object_get_type(&sem->parent.parent) == RT_Object_Class_Semaphore);    ①

    RT_OBJECT_HOOK_CALL(rt_object_put_hook, (&(sem->parent.parent)));

    need_schedule = RT_FALSE;   ②

    /* 关闭中断 */
    temp = rt_hw_interrupt_disable();

    RT_DEBUG_LOG(RT_DEBUG_IPC, ("thread %s releases sem:%s, which value is: %d\n",
                                rt_thread_self()->name,
                                ((struct rt_object *)sem)->name,
                                sem->value));

    if (!rt_list_isempty(&sem->parent.suspend_thread))
    {
        /* 恢复被挂起的线程*/
        rt_ipc_list_resume(&(sem->parent.suspend_thread));    ③
        need_schedule = RT_TRUE;
    }
    else
    {
        if(sem->value < RT_SEM_VALUE_MAX)
        {
            sem->value ++; /* 增加信号量的值*/
        }
        else
        {                                                     ④
            rt_hw_interrupt_enable(temp); /* 启用中断*/
            return -RT_EFULL; /* value overflowed */
        }
    }
```

```
    /* 启用中断*/
    rt_hw_interrupt_enable(temp);

    /* 恢复线程，重新调度*/
    if (need_schedule == RT_TRUE)
        rt_schedule();              ⑤

    return RT_EOK;
}
```

表 5.5　rt_sem_release()函数的参数及含义

参　数	含　义
sem	信号量控制块指针

代码段①：检查参数。

代码段②：将 need_schedule 设为默认值 RT_FALSE，即默认不进行系统调度，如果在释放信号量时挂起队列中有线程，则将其恢复后再进行调度。

代码段③：如果挂起队列中有线程，就取出线程，使其恢复就绪状态，并将 need_schedule 设为 RT_TRUE。

代码段④：如果挂起队列为空，就将信号量的值加 1；如果信号量已满，就返回 RT_EFULL 错误码。

代码段⑤：如果需要调度，就调用 rt_schedule()函数。

8．rt_sem_control ()

此函数为信号量控制函数，其形式和功能与 rt_mq_control()函数一致，只能将对应 IPC 单元重置，不做详细介绍。

5.2.3　注意事项（并过渡至互斥量）

（1）信号量释放函数要按需求谨慎使用，限制信号量的值在自己控制的范围内，如果一直释放信号量，就可能造成信号量失效、临界资源失控。

（2）信号量申请函数也要谨慎使用。如果一个线程 X 申请信号量后，信号量的值变为 0，此时线程 X 再次申请信号量，会造成什么后果呢？线程 X 会被挂起，导致线程 X 无法继续运行，信号量就会被卡住，在一定时间内谁都无法访问临界资源，直到某个线程释放信号量。

分析下面这个实例，如代码 5.8 所示。

代码 5.8　信号量不支持递归访问的实例

```
void threadx_entry(void *arg)
{
    rt_err_t sem_err1,sem_err2;
    while(1)
    {
        sem_err1 = rt_sem_take(&self_sem, time);
        if(sem_err1 == RT_EOK)
        {
```

```
            /*临界数据操作 1*/
            sem_err2 = rt_sem_take(&self_sem, time);
            if(sem_err2 == RT_EOK)
            {
                /*临界数据操作 2*/
                rt_sem_release(&self_sem);
            }
        rt_sem_release(&self_sem);
        }
    }
}
```

self_sem 是一个二值信号量，以一个极端的情况为例：time 的值为 RT_WAITING_FOREVER，如果在 threadx 的第一个 rt_sem_take()函数执行前，信号量值为 1，那么第一次申请成功，信号量值变为 0；在第二次申请信号量时，由于没有有效的信号量，因此 threadx 线程将被挂起并一直等待，如果其他线程没有释放信号量的操作，threadx 就一直被挂起，并且信号量永远为 0，这样的现象被称为信号量的"死锁"，临界资源将被锁住，无法进行操作。在同一个线程中有多次成对的申请、释放，并且嵌套在一起呈递归状态的操作，称为"递归访问"。显然，在 RT-Thread 中，信号量不支持递归访问。

（3）所有的 IPC 都有两种针对挂起线程的取用机制：按先进先出的方式取用，或者按线程优先级的方式取用。我们不妨思考一下，当前有 A、B、C 三个线程和一个二值信号量 X，优先级 A>B>C，信号量的取用机制为按优先级取用。试着想象下面两种情景。

① 某时刻 C 申请 X，那么 C 理所当然地获得 X；接下来 A 申请 X，此时由于 C 占用了 X，故需要挂起 A 并等待 C 释放 X，才能获得 X，虽然这种情况下高优先级的 A 无法打断低优先级的 C 运行，看上去有违优先级抢占式 RTOS 的原则，但这是没问题的，因为临界资源在使用时不能被打断，所以这样的短时间内"高优先级线程无法打断低优先级线程"临界资源的操作是被允许的。

② 某时刻 A、B 被挂起，C 申请 X，那么 C 成功取得 X；过了一段时间，A 恢复就绪状态并申请 X，因为此时 X 被 C 占用，故 A 被挂起，C 继续运行；又过了一段时间，C 仍然在处理着临界资源，此时 B 恢复就绪状态，B 没有申请 X，所以按照优先级，B 打断了 C，开始运行。于是，B 先运行完毕，再等 C 运行完毕，最后才运行 A。

A 等 C 能容忍，但 A 等 B 就不能容忍了：B 既没有操作临界资源 X，优先级还比 A 低，凭什么 A 要等待 B？这种违背原则的情况称为"优先级翻转"。

无法递归访问、产生优先级翻转这两个问题是二值信号量在一些场合使用时的硬伤，而互斥量的设定就能解决这两个问题，完成二值信号量无法完成的任务。互斥量是用什么方法解决的呢？请看 5.3 节的内容。

5.3　互斥量

读者如果在学习本节内容时没有阅读 5.2.3 小节，那么务必返回阅读 5.2.3 节的内容。

互斥量是一种管理临界资源的手段，支持递归访问，用优先级继承的方法解决优先级翻转的问题，实现临界资源的独占式管理。独占式管理就是一次只允许一个线程使用临界资源，理所当然的，互斥量只有 1 和 0 两个值，相应状态分别被称为开锁、闭锁。如果一个线程获得了互斥量，完成闭锁操作，互斥量会归 0。此时如果该线程再次申请互斥量，就会给互斥量再上一道锁，互斥量仍为 0，但开锁时就需要释放两次互斥量，打开两道锁。类似的，上几道锁就得释放几道锁，只有最先上的锁和最后开的锁能影响互斥量的值，"锁"的总数量存储到一个变量"hold"中。优先级继承方法就是当一个线程 X 申请已经上了锁的互斥量时，如果持有互斥量的线程 Y 的优先级比线程 X 的优先级低，那么线程 Y 的优先级临时提升至与线程 X 的优先级一致，这样就能保证优先级处于 X 和 Y 之间的线程无法抢断线程 Y 的运行，也就解决了优先级翻转的问题。互斥量运行流程图如图 5.2 所示。

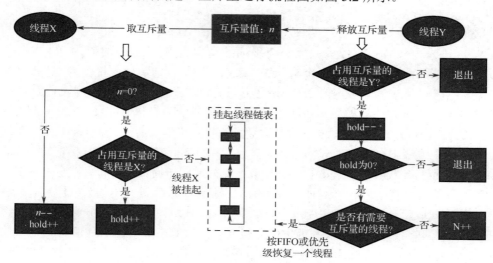

图 5.2　互斥量运行流程图

5.3.1　互斥量控制块

互斥量控制块如代码 5.9 所示。

代码 5.9　互斥量控制块

```
struct rt_mutex
{
    struct rt_ipc_object parent;                /* 继承自 IPC 对象 */

    rt_uint16_t          value;                 /* 互斥量值 */

    rt_uint8_t           original_priority;     /* 最后一个持有互斥量线程的优先级 */
    rt_uint8_t           hold;                  /* 递归调用次数 */

    struct rt_thread     *owner;                /* 当前持有互斥量的线程 */
};
```

parent：IPC 对象的结构体，内部除一般对象的内容外，还有等待接收 IPC 信号的挂起线程链表。

value：当前可用的互斥量数量，0 为闭锁，1 为开锁。

original_priority：当前占有互斥量的线程的初始优先级。因为使用优先级继承方法需要临时改变当前线程的优先级，所以需要保存初始值。

　　hold：占有互斥量的线程申请互斥量的总次数。当互斥量上锁后，占用互斥量的线程可能会继续上锁，对互斥量进行递归访问，在上锁过程中，线程一共上了几道锁，锁的数量就会被记录到 hold 值中；在释放互斥量时，最先释放的是 hold 值，待 hold 值归 0 后再将互斥量开锁，置位 value 值。

　　owner：记录当前持有互斥量的线程的控制块。

5.3.2　相关函数简介

1. rt_mutex_init()

　　此函数为静态互斥量初始化函数，如代码 5.10 和表 5.6 所示。初始化成功后，返回 RT_EOK。

代码 5.10　rt_mutex_init()函数内容

```
rt_err_t rt_mutex_init(rt_mutex_t mutex, const char *name, rt_uint8_t flag)
{
    /* 检查参数*/
    RT_ASSERT(mutex != RT_NULL);  ①

    /* 初始化对象*/
    rt_object_init(&(mutex->parent.parent), RT_Object_Class_Mutex, name);  ②

    /* 初始化 suspend_thread 链表*/
    rt_ipc_object_init(&(mutex->parent));  ③

    mutex->value = 1;
    mutex->owner = RT_NULL;
    mutex->original_priority = 0xFF;    ④
    mutex->hold  = 0;

    /* 设置 flag */
    mutex->parent.parent.flag = flag;  ⑤

    return RT_EOK;
}
```

表 5.6　rt_mutex_init()函数的参数及含义

参　　数	含　　义
mutex	互斥量控制块指针
name	用户自定义的互斥量的名称
flag	suspend_thread 链表排列方式（线程读取机制）： RT_IPC_FLAG_FIFO（先进先出）、 RT_IPC_FLAG_PRIO（优先级从高到低）

　　代码段①：确保需要初始化的互斥量控制块是有效的，非 RT_NULL。

　　代码段②：初始化对象。

代码段③：初始化 suspend_thread 链表。

代码段④：初始化各控制值。其中，value 值为 1，默认为开锁状态；owner 值为 RT_NULL，默认无线程占用互斥量；original_priority 值为 255（优先级的最大值）；hold 值为 0，默认无额外的递归调用。

代码段⑤：记录挂起线程读取机制。

2. rt_mutex_create()

此函数为动态互斥量创建函数，在 rt_mutex_init()函数的基础上多了申请动态内存的代码，其余无异。若创建成功，则返回相应的互斥量控制块地址；若创建失败，则返回 RT_NULL。

3. rt_mutex_detach()

此函数为静态互斥量删除函数，用于删除传入的静态互斥量控制块，并释放挂起的线程。

4. rt_mutex_delete()

此函数为动态互斥量删除函数，用于删除传入的动态互斥量控制块，并释放挂起的线程。

5. rt_mutex_take()

此函数为互斥量申请、上锁函数。若申请成功，则返回 RT_EOK；若递归次数大于 RT_MUTEX_HOLD_MAX，则返回 -RT_FULL；若因等待超时而未申请成功，则返回 -RT_ETIMEOUT，如代码 5.11 与表 5.7 所示。

代码 5.11　rt_mutex_take()函数内容

```
rt_err_t rt_mutex_take(rt_mutex_t mutex, rt_int32_t time)
{
    register rt_base_t temp;
    struct rt_thread *thread;

    /*即使时间为 0，也不能在中断中使用此函数*/
    RT_DEBUG_IN_THREAD_CONTEXT;

    /* 检查参数*/
    RT_ASSERT(mutex != RT_NULL);                                        ┐
    RT_ASSERT(rt_object_get_type(&mutex->parent.parent) == RT_Object_Class_Mutex);  ┘①

    /* 获取当前线程的控制块*/
    thread = rt_thread_self();

    /* 关闭中断*/
    temp = rt_hw_interrupt_disable();

    RT_OBJECT_HOOK_CALL(rt_object_trytake_hook, (&(mutex->parent.parent)));

    RT_DEBUG_LOG(RT_DEBUG_IPC,
                ("mutex_take: current thread %s, mutex value: %d, hold: %d\n",
                 thread->name, mutex->value, mutex->hold));

    /* 重置线程错误码*/
    thread->error = RT_EOK;  ②
```

```
if (mutex->owner == thread)
{
    if(mutex->hold < RT_MUTEX_HOLD_MAX)
    {
        /* 调用此函数的线程和持有互斥量的线程是同一个线程*/
        mutex->hold ++;
    }
    else
    {
        rt_hw_interrupt_enable(temp); /* 启用中断*/
        return -RT_EFULL; /* 值溢出*/
    }                                                        ③
}
else
{
    /*在初始状态下，mutex 值是 1。因此，如果该值大于 0，则说明互斥量是可用的 */
    if (mutex->value > 0)
    {
        /* 互斥量可用*/
        mutex->value --;

        /* 设置互斥量的 owner 与 original_priority */
        mutex->owner            = thread;
        mutex->original_priority = thread->current_priority;
        if(mutex->hold < RT_MUTEX_HOLD_MAX)
        {
            mutex->hold ++;
        }                                                    ④
        else
        {
            rt_hw_interrupt_enable(temp); /* 启用中断*/
            return -RT_EFULL; /* 值溢出*/
        }
    }
    else
    {
        /* 不等待，返回超时*/
        if (time == 0)
        {
            /* 将线程错误码设为超时*/
            thread->error = -RT_ETIMEOUT;
                                                             ⑤
            /* 启用中断*/
            rt_hw_interrupt_enable(temp);

            return -RT_ETIMEOUT;
        }
        else
        {
```

```
                    /* 互斥量不可用，将线程压入挂起链表*/
                    RT_DEBUG_LOG(RT_DEBUG_IPC, ("mutex_take: suspend thread: %s\n",
                                                thread->name));

                    /* 更改互斥量持有者的优先级（优先级翻转）*/
                    if (thread->current_priority < mutex->owner->current_priority)
                    {
                        /*更改互斥量持有者的优先级*/
                        rt_thread_control(mutex->owner,
                                          RT_THREAD_CTRL_CHANGE_PRIORITY,           ⑥
                                          &thread->current_priority);
                    }

                    /* 挂起当前线程*/
                    rt_ipc_list_suspend(&(mutex->parent.suspend_thread),
                                        thread,                                     ⑦
                                        mutex->parent.parent.flag);

                    /* 有等待时间，启动线程内置定时器*/
                    if (time > 0)
                    {
                        RT_DEBUG_LOG(RT_DEBUG_IPC,
                                     ("mutex_take: start the timer of thread:%s\n",
                                      thread->name));

                        /* 重置线程内置定时器的超时时间并启动*/                      ⑧
                        rt_timer_control(&(thread->thread_timer),
                                         RT_TIMER_CTRL_SET_TIME,
                                         &time);
                        rt_timer_start(&(thread->thread_timer));
                    }

                    /* 启用中断*/
                    rt_hw_interrupt_enable(temp);

                    /* 系统调度*/
                    rt_schedule();  ⑨

                    if (thread->error != RT_EOK)
                    {
                        /* 返回错误*/
                        return thread->error;
                    }
                    else
                    {                                                              ⑩
                        /* 互斥量获取成功 */
                        /* 关闭中断*/
                        temp = rt_hw_interrupt_disable();
                    }
                }
```

```
        }
    }

    /* 启用中断*/
    rt_hw_interrupt_enable(temp);

    RT_OBJECT_HOOK_CALL(rt_object_take_hook, (&(mutex->parent.parent)));

    return RT_EOK;
}
```

表 5.7　rt_mutex_take()函数的参数及含义

参　　数	含　　义
mutex	互斥量控制块指针
time	延时等待时间

代码段①：检查参数。

代码段②：重置线程错误码，便于后续检查。

代码段③：如果当前线程已经占有互斥量，则增加 hold 值，并保证不超过最大值 255，也就是说，最多只能额外进行 255 次上锁操作。

代码段④：如果当前线程不占有互斥量，并且互斥量处于开锁状态（value 值>0），就进行闭锁操作（value--），并记录占有互斥量的线程为当前线程，以及当前线程的初始优先级（用于后续的优先级继承算法）。因为进行了上锁操作，所以更新锁的总数，将 hold 值加 1。

代码段⑤：如果当前线程不占有互斥量，并且等待时间为 0，就不进行等待操作，直接更新线程错误码为 RT_ETIMEOUT 并返回超时错误码。

代码段⑥：如果当前线程不占有互斥量，并且需要等待，就进行优先级继承操作。如果申请互斥量的线程 X 的优先级比当前持有互斥量的线程 Y 的优先级高，就临时修改线程 Y 的优先级，使其优先级等于线程 X 的优先级。

代码段⑦：挂起线程并添加至 suspend_thread 链表。

代码段⑧：如果当前线程不占有互斥量，并且等待时间大于 0，则说明线程允许等待一定时间，调用 rt_timer_control()函数和 rt_timer_start()函数进行内置定时器的设置和启动。

代码段⑨：启动一次线程调度。

代码段⑩：如果线程出现了超时或其他错误，就返回线程错误码。

6. rt_mutex_release()

此函数为互斥量释放、开锁函数。若释放成功，则返回 RT_EOK；若释放的互斥量的线程不是持有互斥量的线程，则认为进行了误操作，返回-RT_ERROR；若 value 值或 hold 值分别超过允许的最大值 RT_MUTEX_VALUE_MAX 与 RT_MUTEX_HOLD_MAX，则返回-RT_EFULL，如代码 5.12 与表 5.8 所示。

代码 5.12　rt_mutex_release()函数内容

```
rt_err_t rt_mutex_release(rt_mutex_t mutex)
{
```

```
register rt_base_t temp;
struct rt_thread *thread;
rt_bool_t need_schedule;

/* 检查参数*/
RT_ASSERT(mutex != RT_NULL);
RT_ASSERT(rt_object_get_type(&mutex->parent.parent) == RT_Object_Class_Mutex);    ①

need_schedule = RT_FALSE;  ②

/*只有线程可以释放互斥量，因为需要测试所有权 */
RT_DEBUG_IN_THREAD_CONTEXT;

/* 获取当前线程的控制块*/
thread = rt_thread_self();

/* 关闭中断*/
temp = rt_hw_interrupt_disable();

RT_DEBUG_LOG(RT_DEBUG_IPC,
            ("mutex_release:current thread %s, mutex value: %d, hold: %d\n",
             thread->name, mutex->value, mutex->hold));

RT_OBJECT_HOOK_CALL(rt_object_put_hook, (&(mutex->parent.parent)));

/* 互斥量只能被持有者释放*/
if (thread != mutex->owner)
{
    thread->error = -RT_ERROR;

    /* 启用中断*/                                    ③
    rt_hw_interrupt_enable(temp);

    return -RT_ERROR;
}

/* 减少 hold 值 */
mutex->hold --;     ④
/* 如果 hold 值为 0 */
if (mutex->hold == 0)
{
    /* 将持有互斥量的线程的优先级重置为初始优先级*/
    if (mutex->original_priority != mutex->owner->current_priority)
    {
        rt_thread_control(mutex->owner,
                          RT_THREAD_CTRL_CHANGE_PRIORITY,        ⑤
                          &(mutex->original_priority));
    }

    /* 唤醒被挂起的线程*/
```

```
        if (!rt_list_isempty(&mutex->parent.suspend_thread))
        {
            /* 获取被挂起的线程*/
            thread = rt_list_entry(mutex->parent.suspend_thread.next,
                                   struct rt_thread,
                                   tlist);

            RT_DEBUG_LOG(RT_DEBUG_IPC, ("mutex_release: resume thread: %s\n",
                                       thread->name));

            /* 设置新的持有者和优先级*/
            mutex->owner           = thread;
            mutex->original_priority = thread->current_priority;
            if(mutex->hold < RT_MUTEX_HOLD_MAX)
            {
                mutex->hold ++;
            }
            else
            {
                rt_hw_interrupt_enable(temp); /* 启用中断*/
                return -RT_EFULL; /* 值溢出*/
            }

            /* 恢复线程*/
            rt_ipc_list_resume(&(mutex->parent.suspend_thread));

            need_schedule = RT_TRUE;
        }
        else
        {
            if(mutex->value < RT_MUTEX_VALUE_MAX)
            {
                /* 增加互斥量值*/
                mutex->value ++;
            }
            else
            {
                rt_hw_interrupt_enable(temp); /* 启用中断*/
                return -RT_EFULL; /* 值溢出*/
            }

            /* 清除 owner*/
            mutex->owner           = RT_NULL;
            mutex->original_priority = 0xff;
        }
    }

    /* 启用中断*/
    rt_hw_interrupt_enable(temp);
```

⑥
⑦
⑧

```
/* 进行一次调度*/
if (need_schedule == RT_TRUE)          ⑨
    rt_schedule();

return RT_EOK;
}
```

表 5.8　rt_mutex_release()函数的参数及含义

参　　　数	含　　义
mutex	互斥量控制块指针

代码段①：检查参数。

代码段②：默认不需要进行系统调度。

代码段③：因为互斥量只有两个值，所以对互斥量的申请和释放必须成对出现在同一个线程中。如果释放互斥量的线程与持有互斥量的线程不是同一个，则认为进行了误操作，返回错误码。

代码段④：因为 hold 值代表锁的总数，所以在释放互斥量时要对锁的总数进行减 1 操作。

代码段⑤：如果 hold 值为 0（所有锁都被打开，互斥量处于开锁状态），就要进行优先级还原，将即将释放互斥量的线程的优先级恢复到初始状态。

代码段⑥：如果 suspend_thread 链表中有等待的线程，就直接将其取出，并将其设为互斥量的持有者，具体代码与 rt_mutex_take()中相应的代码一致，不再赘述。

代码段⑦：恢复线程，并标记需要进行调度的线程，起到延迟调度的作用。

代码段⑧：如果 suspend_thread 链表为空，就将 value 设置为 1，标记为开锁状态，并重置控制块中的 owner、original_priority 参数。

代码段⑨：如果将互斥量转接给另一个线程（need_schedule 为 RT_TRUE），就调用一次系统调度，重新寻找就绪表中最高优先级的线程。

7. rt_mutex_control()

此函数为互斥量控制函数，没有被开发，源码如下：

代码 5.13　rt_mutex_control()函数内容

```
rt_err_t rt_mutex_control(rt_mutex_t mutex, int cmd, void *arg)
{
    /*检查参数 */
    RT_ASSERT(mutex != RT_NULL);
    RT_ASSERT(rt_object_get_type(&mutex->parent.parent) == RT_Object_Class_Mutex);
    return -RT_ERROR;
}
```

可以看到，这个函数在内容方面检查了参数类型的合理性之后，直接返回-RT_ERROR，没有起到任何作用。

5.3.3　注意事项

（1）一般来说，互斥量都是二值的，多值互斥量的使用场景很少，因此在释放互斥量的时候需要格外小心。在 RT_Thread 中，rt_mutex_release()函数只检查互斥量是否大于 RT_MUTEX_VALUE_MAX（这个值为 0xffff，是 16 位无符号整型的最大值）。因此，使用 rt_mutex_release()函数并不能帮助用户检查互斥量值在应用层的合理性，只能检查互斥量值在底层内存单元上的合理性，最佳方案是 rt_mutex_take()函数与 rt_mutex_release()函数成对出现，并且后者要在前者成功后调用。

（2）前文多次提到对互斥量的递归访问，互斥量的递归访问到底有什么用呢？如代码 5.14 所示。

代码 5.14　互斥量的递归访问实例

```
void threadY_entry(void *arg)
{
    rt_err_t mux_err1;
    while(1)
    {
        /*省略代码*/
        mux_err1 = rt_mutex_take(&self_mux, RT_WAITING_FOREVER);
        if(mux_err1 == RT_EOK)
        {
            func();
            func1();
            …………
            rt_mutex_release(&self_mux);
        }
        /*省略代码*/
    }
}
void func(void)
{
    rt_err_t mux_err2;
    mux_err2 = rt_mutex_take(&self_mux, RT_WAITING_FOREVER);
    if(mux_err2 = RT_EOK)
    {
        /*临界数据操作*/
        rt_mutex_release(&self_mux);
    }
}
```

self_mux 为二值的互斥量，func()为公用函数，即除 threadY，其他线程也会调用它，而 func1()函数及之后的函数必须紧跟着 func()函数后调用。比如，在 func()函数的临界数据操作中进行了姿态解算，得到了一组全局变量欧拉角的数据，在再次解算前需要通过 func1()、func2()等函数进行数据加工，并把结果传递给执行单元，这时就能通过递归访问的方法将 func()函数锁住。在上面的实例中，func()函数中的互斥量申请—释放访问对能确保临界数据在处理过程中不被其他线程使用；而 threadY 中的互斥量访问对可以在 func()函数释放完互斥量后仍然保护临界资源，在 func1()、func2()等函数执行完毕之前，如果其他线程想要调用 func()函数，就会卡在 rt_mutex_teake()这一步，使得临界资源不发生变动，起到"在一定范围内仍然保护临界资源"的作用。

5.4　信号量实验

信号量实验如代码 5.15 所示，该实验实现了按键到 LED 的信号通信：按下按键释放信号量，LED 线程一直等信号量，信号量到来时将电平翻转，灯光闪烁，实现线程间的同步。

代码 5.15　信号量实验

```
#define LED_THREAD_STACK_SIZE 512
#define KEY_THREAD_STACK_SIZE 512
rt_sem_t key2led;
/* 创建 LED 线程 */
void led_thread_entry(void *arg)
{
    while(1)
    {
        rt_sem_take(key2led,RT_WAITING_FOREVER);
        bsp_LedToggle(2);
    }
}
/* 创建 KEY 线程 */
void key_thread_entry(void*arg)
{
    static uint8_t keyscan;
    while(1)
    {
        bsp_KeyScan10ms();
        rt_thread_mdelay(10);
        keyscan = bsp_GetKey();
        if(keyscan != KEY_NONE)
        {
            if(keyscan == JOY_DOWN_U) rt_sem_release(key2led);//按下按键释放信号量
        }
    }
}
int main(void)
{
    /* 关闭调度器 */
    rt_enter_critical();

    rt_thread_t key,led;
    /* 创建并启动 KEY 线程 */
    key = rt_thread_create("KEY",key_thread_entry,RT_NULL,KEY_THREAD_STACK_SIZE,12,0);
    if(key != RT_NULL)
    {
        rt_kprintf("thread KEY create successfully\n");
        rt_thread_startup(key);
```

```
    }else{
        rt_kprintf("thread KEY create failed\n");
    }

    /* 创建并启动 LED 线程 */
    led = rt_thread_create("LED", led_thread_entry, RT_NULL, LED_THREAD_STACK_SIZE, 14, 0);
    if(led != RT_NULL)
    {
        rt_kprintf("thread LED create successfully\n");
        rt_thread_startup(led);
    }else{
        rt_kprintf("thread LED create failed\n");
    }

    /* 创建按键线程至 LED 线程的信号量 */
    key2led = rt_sem_create("key2led",0,RT_IPC_FLAG_FIFO);
    if(key2led != RT_NULL)
    {
        rt_kprintf("semaphore key2led create successfully\n");
    }else{
        rt_kprintf("semaphore key2led create failed\n");
    }

    /* 开启调度器 */
    rt_enter_critical();
}
```

5.5　互斥量实验

　　互斥量实验如代码 5.16 所示，该实验设计串口线程与按键线程，并使 LCD 显示按下的按键编号与串口接收数据的系统时间。考虑到多行显示，如果每次刷新 LCD 都重新加载屏幕上的全部内容，则执行效率会降低，因此不使用 LCD 线程，而是将 LCD 的显示操作打包为 LCD_disp()函数，并使用互斥量进行约束，使每一次的屏幕刷新操作不被自身打断。

代码 5.16　互斥量实验

```
FONT_T tFont12;                 /* 定义一个文字结构体变量，用于设置文字参数 */
void set_font(void)
{
    tFont12.FontCode = FC_ST_12;        /* 文字代码 12 点阵 */
    tFont12.FrontColor = CL_RED;        /* 文字颜色 */
    tFont12.BackColor = CL_GREEN;       /* 文字背景颜色 */
    tFont12.Space = 0;                  /* 文字间距，单位为像素 */
}

#define KEY_THREAD_STACK_SIZE 512
rt_thread_t lcd;

struct rt_thread rec_uart;
static rt_uint8_t rec_uart_stack[512];
```

```
rt_mutex_t mux = RT_NULL;
/* LCD 线程 */
void LCD_disp(rt_uint8_t line,char *str)
{
    rt_err_t mux_err;
    mux_err = rt_mutex_take(mux,RT_WAITING_FOREVER);        /*一直等待*/
    if(mux_err == RT_EOK)
    {
        set_font();
        LCD_DispStr(5, line, str, &tFont12);               /*更新 LCD 显示*/
        rt_mutex_release(mux);
    }
}
/* 创建 KEY 线程 */
void key_thread_entry(void*arg)
{
    static uint8_t keyscan;
    static char str[20];
    while(1)
    {
        bsp_KeyScan10ms();
        rt_thread_mdelay(10);
        keyscan = bsp_GetKey();
        if(keyscan != KEY_NONE)
        {
            sprintf(str,"key:%d is presed",keyscan/3+1); /*显示按下的按键号*/
            LCD_disp(5,str);
        }
    }
}

void rec_uart_entry(void *arg)
{
    static char str[20];
    rt_uint16_t time;
    while(1)
    {
        rt_uint8_t err = 1;
        rt_uint8_t temp = '\0';
        rt_uint8_t cnt = 0;

        err = comGetChar(COM1,&temp);
        while(err == 1)
        {
            cnt++;
            err = comGetChar(COM1,&temp);
        }

        if(cnt == 0)
        {
```

```
                rt_thread_mdelay(500);
            }else{
                time = rt_tick_get();
                sprintf(str,"UART receive at %d",time);
                LCD_disp(20,str);
            }
        }
    }
}

int main(void)
{
    /* 关闭调度器  */
    rt_enter_critical();

    rt_err_t rec_err;
    /* 初始化串口接收线程 */
    rec_err=rt_thread_init(&rec_uart,"REC_UART",rec_uart_entry,RT_NULL,rec_uart_stack,512,1
4,0);
    if(rec_err == RT_EOK)        /*检查并启动串口线程*/
    {
        rt_kprintf("thread REC_UART create successfully\n");
        rt_thread_startup(&rec_uart);
    }else{
        rt_kprintf("thread REC_UART create failed\n");
    }

    rt_thread_t key;
    /* 创建并启动 KEY 线程 */
    key = rt_thread_create("KEY",key_thread_entry,RT_NULL,KEY_THREAD_STACK_SIZE,12,0);
    if(key != RT_NULL) /*检查并启动按键线程*/
    {
        rt_kprintf("thread KEY create successfully\n");
        rt_thread_startup(key);
    }else{
        rt_kprintf("thread KEY create failed\n");
    }

    mux = rt_mutex_create("mux",RT_IPC_FLAG_FIFO);
    if(mux != RT_NULL) /*检查互斥量*/
    {
        rt_kprintf("mutex mux create successfully\n");
    }else{
        rt_kprintf("mutex mux create failed\n");
    }

    LCD_ClrScr(CL_BLUE);
    LCD_SetBackLight(BRIGHT_DEFAULT);

    /* 开启调度器 */
    rt_exit_critical();
}
```

5.6　小结与思考

　　本章介绍信号量、互斥量的使用方法，并分析信号量相对于互斥量在递归访问与优先级翻转方面的问题；从控制块和相关函数的说明中进一步说明二者的使用方法。鉴于信号量、互斥量的重要性，读者需要对本章内容进行及时巩固。

　　试思考：

　　① 信号量和互斥量的定义是什么？有哪些相同之处与不同之处？

　　② 互斥量的控制块比信号量的控制块多了哪些部分？这些部分的作用分别是什么？

　　③ 互斥量的递归调用有哪些应用场景？除本文中所述的场景外，还有其他场景吗？

第6章 事件与邮箱

6.1 事件与邮箱简介

6.1.1 事件简介

事件是线程间通信的重要手段，它依赖的具体变量实例称为事件集。事件集主要用于线程间的同步，与信号量不同，它的特点是可以实现一对多、多对多的同步。一个线程与多个事件的关系可设置为其中任意一个事件唤醒线程，或者几个事件都到达后才唤醒线程并进行后续的处理。同样，事件也可以是多个线程同步多个事件。这种多个事件的集合可以用一个32位无符号整型变量来表示，变量的每一位代表一个事件，线程通过"逻辑与"或"逻辑或"将一个或多个事件关联起来，形成事件组合。事件的"逻辑或"也称为独立型同步，指的是线程与任何事件之一发生同步；事件"逻辑与"也称为关联型同步，指的是线程与若干事件都发生同步（以上节选自 RT-Thread 官方编程指南）。

事件集是一个32位整型变量，可以标记32个事件，每个事件的值都是 $1<<n$ 的形式，n 表示左移的位数。

例如，在计算电阻值时，需要同时知道电流值与电压值。在使用单片机计算电阻值时，可以将其封装为三个函数模块：电流值 adc 读取与转换、电压值 adc 读取与转换、电阻值计算。电阻值计算需要在得出前两个值后调用。在裸机开发中，我们是怎样做的呢？一种做法是进行定时器控制的 adc 读取中断，定义两个全局变量作为标记位，在电流值 adc 和电压值 adc 中断末尾加入两个标记位进行置位操作，在 main() 函数的死循环中，如果这两个标记位都为 true，就进行一次电阻值计算并重置标记位。另一种做法是进行顺序调用，手动读取 adc 值，直接在 main() 函数中顺序执行电流读取、电压读取、电阻值计算。对于第一种做法，在 RTOS 中，这样的标记位作为全局变量是不利于管理的，那么可以用什么模块来定义这样的标记位呢？信号量行吗？信号量只能一对一使用，一个发送操作对应一个接收操作，使用信号量需要定义两个信号量，并不方便。事件在此处就发挥作用了，电流值 adc 读取中断，发送一个事件集的对应位，电压值 adc 读取中断，发送一个事件集的另一个对应位，当这两位同时为 1 时，就恢复电阻计算线程，进行电阻值计算。事件的作用不止于这样的"逻辑与"操作，也支持"逻辑或"操作。例如，电压检测有一个常用传感器和一个备用传感器，两者同时接收 adc，只要有一个接收到值，就能成功触发接收操作，这时就可以使用事件读取的"逻辑或"操作。

6.1.2 邮箱简介

邮箱与消息队列类似，不同的是，消息队列的每一条消息大小是可以在消息队列初始化函数中自定义的，而每一封邮件的大小是固定的4字节。为什么是4字节呢？对于32位的处理器来说，一个字长就是32位，其访问存储单元的指针大小也是32位、4字节的，所以邮箱的邮件大小刚好可以容纳一个指针，这就极大地扩展了邮箱的使用范围，能通过指针来兼容各种大小的邮件。

　　邮箱的操作流程：先初始化邮箱结构体和邮件池，再向邮箱发送邮件。若邮件池未满，就将邮件添加到邮件池中并返回 RT_EOK；若邮件池已满，就将发送操作暂停，将发送线程挂入 suspend_sender_thread 链表，并设置延时等待时间。在从邮箱接收邮件时，若邮件池非空，就将邮件列表中的第一封邮件取出并返回 RT_EOK；若邮件池空，就将接收操作暂停，将接收线程挂入 suspend_thread 链表，并设置延时等待时间。

　　值得注意的是，因为邮箱大小固定为 4 字节，所以 RT-Thread 操作系统直接将邮件池设为数组，并且使用数组偏移的查询方式进行邮件的收发，这样一来就没有消息队列使用链表、内存格式化偏移查询那样麻烦的操作了。从这个角度也能体现邮箱节省内存、高效的特性。

　　邮箱也可以应用于线程与线程、中断与线程之间的信息传输，但中断内不能使用延时操作，以防中断实时性减弱，甚至卡死。

6.2　事件

6.2.1　事件控制块

　　代码 6.1 为事件集的控制块。

代码 6.1　事件集控制块

```
struct rt_event
{
    struct rt_ipc_object parent;              /*继承自 IPC 对象*/
    rt_uint32_t          set;                 /*事件集*/
};
```

　　parent：IPC 对象结构体，内含系统对象的内容及一个 suspend_thread 链表。

　　set：事件集，每一位对应一个事件。

　　作为线程间同步的模块，控制块的最主要成员还是对应的通信量值。

　　如果开启了事件模块，则线程控制块中会多出如代码 6.2 所示的两项事件相关变量。

代码 6.2　线程控制块中的事件相关变量

```
struct rt_thread
{
    ......
    #if defined(RT_USING_EVENT)
    /* 线程事件 */
    rt_uint32_t event_set;
    rt_uint8_t  event_info;
    #endif
    ......
}
```

　　其中，event_set 表示线程感兴趣的事件组合，如线程对事件集第二位和第四位的事件感兴趣，则 event_set 值为 10（2^1+2^3）；event_info 表示线程对感兴趣的事件组合的选择，是"或"还是"与"。如果是"或"，则触发条件为事件集第二位或第四位至少其中之一变为 1；如果是"与"，则触发条件为事件集第二位和第四位都为 1。

6.2.2　相关函数简介

1．rt_event_init()

此函数为静态事件集初始化函数，可以初始化一个已经定义了控制块的事件集。若初始化成功，则返回 RT_EOK，如代码 6.3 与表 6.1 所示。

代码 6.3　rt_event_init()函数内容

```
rt_err_t rt_event_init(rt_event_t event, const char *name, rt_uint8_t flag)
{
    /*检查参数*/
    RT_ASSERT(event != RT_NULL);

    /*初始化对象*/
    rt_object_init(&(event->parent.parent), RT_Object_Class_Event, name);    ①

    /*设置 flag*/
    event->parent.parent.flag = flag;                ②

    /*初始化 IPC 对象*/
    rt_ipc_object_init(&(event->parent));            ③

    /*初始化事件*/
    event->set = 0;                                  ④

    return RT_EOK;
}
```

表 6.1　rt_event_init()函数的参数及含义

参　　　数	含　　　义
event	事件集控制块指针
name	用户自定义的事件集名称
flag	suspend_thread 链表排列方式（线程读取机制）： RT_IPC_FLAG_FIFO（先进先出）、 RT_IPC_FLAG_PRIO（优先级从高到低）

代码段①：检查参数并初始化对象。

代码段②：记录定义的线程读取机制。

代码段③：初始化 IPC 对象。

代码段④：初始化事件集，值为 0 表示无事件发生。

2．rt_event_create()

此函数为动态事件集创建函数，可以创建一个动态事件集控制块。使用 rt_event_create() 函数需要开启内存堆。

3．rt_event_delete()

此函数为动态事件集删除函数，用来删除一个指定的动态事件集。

4．rt_event_detach ()

此函数为静态事件集删除函数，用来删除一个指定的静态事件集。

5．rt_event_recv()

此函数为事件接收函数，线程调用此函数可传入感兴趣的事件组合、"逻辑或""逻辑与"等参数，线程在此处只有得到相应事件的触发，才能继续执行。在得到事件的触发之前，线程可以选择不等待、等待一定时间和永久等待（阻塞式等待）。若接收成功，则返回 RT_EOK；若感兴趣的事件组合为 0，则认为是误操作，则返回-RT_ERROR；若超时时间到，则返回-RT_ETIMEOUT，如代码 6.4 与表 6.2 所示。

代码 6.4　rt_event_recv()函数内容

```
rt_err_t rt_event_recv(rt_event_t   event,
                       rt_uint32_t  set,
                       rt_uint8_t   option,
                       rt_int32_t   timeout,
                       rt_uint32_t *recved)
{
    struct rt_thread *thread;
    register rt_ubase_t level;
    register rt_base_t status;

    RT_DEBUG_IN_THREAD_CONTEXT;

    /* 检查参数*/
    RT_ASSERT(event != RT_NULL);                                        ┐
    RT_ASSERT(rt_object_get_type(&event->parent.parent) == RT_Object_Class_Event);  ┘ ①

    if (set == 0)                    ┐
        return -RT_ERROR;            ┘ ②

    /* 初始化 status*/
    status = -RT_ERROR;      ③
    /* 获取当前线程的控制块*/
    thread = rt_thread_self();
    /* 重置线程错误码*/
    thread->error = RT_EOK;  ④

    RT_OBJECT_HOOK_CALL(rt_object_trytake_hook, (&(event->parent.parent)));

    /* 关闭中断*/
    level = rt_hw_interrupt_disable();

    /* 检查事件集*/
    if (option & RT_EVENT_FLAG_AND)          ┐
    {                                        │
        if ((event->set & set) == set)       ├ ⑤
            status = RT_EOK;                 │
    }                                        ┘
```

```
else if (option & RT_EVENT_FLAG_OR)
{
    if (event->set & set)                          ⑥
        status = RT_EOK;
}
else
{
    /* 必须设置 RT_EVENT_FLAG_AND 与 RT_EVENT_FLAG_OR 二者其一 */
    RT_ASSERT(0);                                            ⑦
}

if (status == RT_EOK)
{
    /* 设置 recved */
    if (recved)
        *recved = (event->set & set);

    /* 填充线程事件信息 */
    thread->event_set = (event->set & set);        ⑧
    thread->event_info = option;

    /* 收到事件 */
    if (option & RT_EVENT_FLAG_CLEAR)
        event->set &= ~set;
}
else if (timeout == 0)
{
    /* 不等待 */
    thread->error = -RT_ETIMEOUT;

    /* 启用中断 */                                   ⑨
    rt_hw_interrupt_enable(level);

    return -RT_ETIMEOUT;
}
else
{
    /* 填充线程事件信息 */
    thread->event_set  = set;                      ⑩.a
    thread->event_info = option;

    /* 将线程放入线程挂起链表 */
    rt_ipc_list_suspend(&(event->parent.suspend_thread),
                        thread,                    ⑩.b
                        event->parent.parent.flag);

    /* 如果有超时时间，则激活线程定时器 */
```

```
    if (timeout > 0)
    {
        /* 重置线程定时器的超时时间并启动它 */
        rt_timer_control(&(thread->thread_timer),
                         RT_TIMER_CTRL_SET_TIME,
                         &timeout);
        rt_timer_start(&(thread->thread_timer));    ⑩.c
    }

    /*启用中断*/
    rt_hw_interrupt_enable(level);

    /* 进行一次系统调度 */
    rt_schedule();

    if (thread->error != RT_EOK)
    {
        /* 返回错误码 */                            ⑩.d
        return thread->error;
    }

    /* 收到一个事件，关闭中断 */
    level = rt_hw_interrupt_disable();

    /* 设置 recved */
    if (recved)
        *recved = thread->event_set;                ⑩.e
}

/* 启用中断 */
rt_hw_interrupt_enable(level);

RT_OBJECT_HOOK_CALL(rt_object_take_hook, (&(event->parent.parent)));

return thread->error;
}
```

表 6.2　rt_event_recv()函数的参数及含义

参　　数	含　　义
event	事件集控制块指针
set	线程感兴趣的事件组合
option	①事件组合满足条件是"或"还是"与"？ RT_EVENT_FLAG_AND："与"。 RT_EVENT_FLAG_OR："或"。 ②是否需要在事件触发后，在事件集中清除相应的事件置位标记？ RT_EVENT_FLAG_CLEAR：需要清除。 option 由①和②两部组成，两者之间用按位"或"运算连接
timeout	等待时间
recved	如果使用：若成功接收事件，则存储被触发的事件；若未成功接收事件，则存储 set 值。 如果不使用：调用函数时记为 RT_NULL（值为 0）即可

代码段①：检查参数。

代码段②:set 为 0 是什么意思？说明线程对 32 位事件集中的任何一个事件都不感兴趣，

这显然是不合理的，返回错误码。

代码段③：status 为"是否满足线程要求的事件条件"标记，RT_EOK 表示满足条件，线程能够被事件集触发；-RT_ERROR 表示不满足条件，线程可以选择一定的方式等待。这里初始化 status 为-RT_ERROR，默认为不满足条件。

代码段④：重置线程错误码。

代码段⑤：如果事件组合的满足条件为"与"，就检查线程感兴趣的事件组合 set 是否为事件集 event_set 的子集，若是，就标记 status 为 RT_EOK。

代码段⑥：如果事件组合的满足条件为"或"，就检查 set 中的任意一个事件是否包含在 event_set 中，若是，就标记 status 为 RT_EOK。

代码段⑦：如果事件组合满足条件既不是"或"，也不是"与"，就用 RT_ASSERT(0) 触发断言错误。

代码段⑧：如果满足线程所需的事件，就对 recved 参数进行处理，将触发的事件通过 event_set、event_info 告知线程；如果选项除"与""或"外，还用按位"或"运算添加了清除指令 RT_EVENT_FLAG_CLEAR，就从事件集中清除此次被触发了的事件。

代码段⑨：如果 status 不为 RT_EOK，并且 timeout 为 0（不进行等待），就直接退出，返回超时错误码。

代码段⑩.a：如果 status 不为 RT_EOK，并且 timeout 也不为 0（延时等待或阻塞等待），就进入代码段⑩。将线程感兴趣的事件集、"逻辑与""逻辑或"和清除指令存入线程控制块。

代码段⑩.b：挂起线程，并挂入 suspend_thread 链表。

代码段⑩.c：如果延时等待，就启动线程内置定时器并执行一次调度切换线程。

代码段⑩.d：如果延时结束或有其他任何线程错误，就返回。

代码段⑩.e：处理 recved 参数，如果定义了 recved，就将 event_set 赋值给它。

recved 和 thread->event_set 的值有什么区别呢？没有区别，在 rt_event_recv()函数返回后都存储一样的值：成功接收事件，就返回触发的事件值；未成功接收事件，就返回线程原本感兴趣的事件组合，看情况使用即可。

6. rt_event_send()

此函数为事件发送函数，用于标记发生的某个或多个事件，作用于事件集。函数先记录发送的事件，再遍历整个 suspend_thread 链表，若发送的事件满足某线程感兴趣的事件组合，就执行对应线程的事件接收操作。发送完毕，返回 RT_EOK；若线程感兴趣的事件间的运算"逻辑与""逻辑或"方式未定义，则返回-RT_EINVAL；若发送的事件为 0，则认为是误操作，返回-RT_ERROR，如代码 6.5 与表 6.3 所示。

代码 6.5　rt_event_send()函数内容

```
rt_err_t rt_event_send(rt_event_t event, rt_uint32_t set)
{
    struct rt_list_node *n;
    struct rt_thread *thread;
    register rt_ubase_t level;
    register rt_base_t status;
    rt_bool_t need_schedule;

    /* 检查参数*/
```

```
RT_ASSERT(event != RT_NULL);
RT_ASSERT(rt_object_get_type(&event->parent.parent) == RT_Object_Class_Event);     ①

if (set == 0)
    return -RT_ERROR;     ②

need_schedule = RT_FALSE;     ③

/* 关闭中断*/
level = rt_hw_interrupt_disable();

/* 设置事件*/
event->set |= set;     ④

RT_OBJECT_HOOK_CALL(rt_object_put_hook, (&(event->parent.parent)));

if (!rt_list_isempty(&event->parent.suspend_thread))     ⑤.a
{
    /*搜索线程列表以恢复线程 */
    n = event->parent.suspend_thread.next;     ⑤.b
    while (n != &(event->parent.suspend_thread))     ⑤.c
    {
        /* 获取线程*/
        thread = rt_list_entry(n, struct rt_thread, tlist);

        status = -RT_ERROR;

        if (thread->event_info & RT_EVENT_FLAG_AND)
        {
            if ((thread->event_set & event->set) == thread->event_set)
            {
                /* 获取一个 AND 事件 */
                status = RT_EOK;
            }
        }
        else if (thread->event_info & RT_EVENT_FLAG_OR)
        {
            if (thread->event_set & event->set)
            {
                /* 保存获取的事件集*/
                thread->event_set = thread->event_set & event->set;

                /* 获取一个 OR 事件 */
                status = RT_EOK;
            }
        }
        else
        {
            /* 启用中断*/
            rt_hw_interrupt_enable(level);

            return -RT_EINVAL;
        }

        /* 节点后移*/
```

⑤.d

```
            n = n->next; ⑤.e

            /* 条件满足，恢复线程*/
            if (status == RT_EOK)
            {
                /* 清除事件*/
                if (thread->event_info & RT_EVENT_FLAG_CLEAR)
                    event->set &= ~thread->event_set;

                /* 恢复线程，并加入线程链表*/
                rt_thread_resume(thread);              ⑤.f

                /* 进行一次调度*/
                need_schedule = RT_TRUE;
            }
        }
    }

    /* 启用中断*/
    rt_hw_interrupt_enable(level);

    /* 进行一次调度*/
    if (need_schedule == RT_TRUE)
        rt_schedule();                    ⑥

    return RT_EOK;
}
```

表 6.3　rt_event_send()函数的参数及含义

参　数	含　义
event	事件集控制块指针
set	需要发送的事件组合

代码段①：检查参数。

代码段②：发送空事件是不合理的，会返回错误。

代码段③：默认不需要调度。

代码段④：将发送的事件组合记入事件集。

代码段⑤.a：if 条件检查 suspend_thread 链表是否为空，如果非空，就表示存在因为没有收到感兴趣的事件而挂起的线程，因为此时发送了事件，更新了事件集，所以要对挂起线程进行检查，查看是否有某些线程能够得到相应事件而被释放。

代码段⑤.b：n 临时记录需要检查的线程节点，通过 n 遍历整个 suspend_thread 链表。为什么这一行代码中使用 suspend_thread.next？因为表头是没有意义的，参考图 2.1，Node1 是创建的链表的表头，在内存中归线程优先级表、IPC 对象控制块等模块所有，而线程链表节点在内存中归线程控制块所有，线程链表节点可以通过 rt_list_entry()函数以内存偏移的方式获取相应的线程控制块首地址，以此通过节点访问控制块。所以，Node1 作为表头没有实际意义，Node2、Node3……才代表实际的线程节点。因此，此处一开始就调用表头的 next

节点，也就是 Node2。

代码段⑤.c：有了⑤.b 的解释，这条代码就好懂了。while 条件是 n 节点不为表头，如果遍历整个链表的 n 节点扫描到表头位置，则说明整个 suspend_thread 链表已经被遍历完毕，这时可以退出 while 循环。

代码段⑤.d：检查线程是否满足事件接收条件，此处内容与 rt_event_recv()函数中相应内容一致，不再赘述。

代码段⑤.e：将负责遍历的节点 n 指向下一个链表节点位置。

代码段⑤.f：如果满足了线程的事件接收条件，就看是否有清除已触发事件的指令，若有，就执行清除操作。恢复线程为就绪状态并标记 need_schedule 为需要执行的调度。

代码段⑥：如果有线程得到恢复，就执行一次调度。

7．rt_event_control()

此函数为事件集控制函数，与消息队列控制函数一样，只能用于重置事件集。调用后会将 suspend_thread 链表中的线程全部恢复并清空事件集 set 值。此处只列出声明，函数内容不再赘述，如代码 6.6 所示。

代码 6.6　rt_event_control()函数声明

```
rt_err_t rt_event_control(rt_event_t event, int cmd, void *arg)
```

6.3　邮箱

6.3.1　邮箱结构体

代码 6.7 为邮箱结构体。

代码 6.7　邮箱结构体

```
struct rt_mailbox
{
    struct rt_ipc_object parent;                    /*继承自 IPC 对象*/

    rt_ubase_t          *msg_pool;                  /*信息缓冲区的首地址*/

    rt_uint16_t         size;                       /*信息池的大小*/

    rt_uint16_t         entry;                      /*msg_pool 中信息的索引条数*/
    rt_uint16_t         in_offset;                  /*消息缓冲区的输入偏移量*/
    rt_uint16_t         out_offset;                 /*消息缓冲区的输出偏移量*/

    rt_list_t           suspend_sender_thread;      /*该邮箱发送线程挂起链表*/
};
```

parent：IPC 对象，继承了一般对象的内容和一个 suspend_thread 链表。

msg_pool：邮件池的内存首地址，这是一个指向 rt_ubase_t（32 位无符号整型）内存块的地址，由于邮件池本身就是一个 32 位数组，故可以直接使用数组偏移的方式访问各个邮件。

size：邮件池的总大小。

entry：有效邮件的数目。

in_offset：下一个可以接收邮件的空闲邮件节点，如果有线程执行邮件发送指令，那么邮件将被发送至 mb->msg_pool[mb->in_offset]节点。

out_offset：下一个可以发送邮件的空闲邮件节点，如果有线程执行邮件接收指令，那么 mb->msg_pool[mb->out_offset]节点上的邮件内容将被传递给线程。

suspend_sender_thread：用于挂起没有空闲邮件的线程。

6.3.2　相关函数简介

1．rt_mb_init()

此函数为静态邮箱初始化函数，用于初始化一个已经定义了邮件池、邮箱控制块的静态邮箱。返回 RT_EOK 说明初始化成功，如代码 6.8 与表 6.4 所示。

代码 6.8　rt_mb_init()函数内容

```
rt_err_t rt_mb_init(rt_mailbox_t mb,
                    const char    *name,
                    void          *msg_pool,
                    rt_size_t     size,
                    rt_uint8_t    flag)
{
    RT_ASSERT(mb != RT_NULL);  ①

    /* 初始化对象*/
    rt_object_init(&(mb->parent.parent), RT_Object_Class_MailBox, name);  ②

    /* 设置 flag */
    mb->parent.parent.flag = flag;  ③

    /* 初始化 IPC 对象*/
    rt_ipc_object_init(&(mb->parent));  ④

    /* 初始化邮箱*/
    mb->msg_pool   = (rt_ubase_t *)msgpool;
    mb->size       = size;
    mb->entry      = 0;                          ⑤
    mb->in_offset  = 0;
    mb->out_offset = 0;

    /* 初始化发送线程挂起链表*/
    rt_list_init(&(mb->suspend_sender_thread));  ⑥

    return RT_EOK;
}
```

表 6.4   rt_mb_init()函数的参数及含义

参　　数	含　　义
mb	邮箱控制块指针
name	用户自定义的事件集名称
msg_pool	邮件池首地址
size	邮件池可容纳的总邮件数
flag	suspend_thread 链表排列方式（线程读取机制）： RT_IPC_FLAG_FIFO（先进先出）、 RT_IPC_FLAG_PRIO（优先级从高到低）

代码段①：确认外部创建的邮箱结构体有效。

代码段②：初始化对象。

代码段③：记录线程读取机制。

代码段④：初始化 IPC 对象。

代码段⑤：初始化邮箱结构体，有效邮件数为 0，收发偏移为 0。

代码段⑥：初始化发送线程挂起链表。

2．rt_mb_create()

此函数为动态邮箱创建函数，用于创建一块具有控制块与邮件池的动态内存，并进行初始化。

3．rt_mb_detach()

此函数为静态邮箱删除函数，用于删除静态邮箱，使其控制块失效。

4．rt_mb_delete()

此函数为动态邮箱删除函数，用于删除动态邮箱，释放其动态内存。

5．rt_mb_send_wait()

此函数为邮件发送函数，用于给邮箱发送一封邮件，可以选择不等待、等待一段时间、阻塞式等待。若正常发送，则返回 RT_EOK；若超时，则返回 RT_ETIMEOUT；若无空闲节点且不等待，则返回-RT_EFULL，如代码 6.9 与表 6.5 所示。

代码 6.9   rt_mb_send_wait()函数内容

```
rt_err_t rt_mb_send_wait(rt_mailbox_t mb,
                         rt_ubase_t   value,
                         rt_int32_t   timeout)
{
    struct rt_thread *thread;
    register rt_ubase_t temp;
    rt_uint32_t tick_delta;

    /* 检查参数*/
    RT_ASSERT(mb != RT_NULL);
    RT_ASSERT(rt_object_get_type(&mb->parent.parent) == RT_Object_Class_MailBox);    ①

    /* 初始化 tick_delta*/
    tick_delta = 0;
```

```
/* 获取当前线程控制块*/
thread = rt_thread_self();

RT_OBJECT_HOOK_CALL(rt_object_put_hook, (&(mb->parent.parent)));

/* 关闭中断*/
temp = rt_hw_interrupt_disable();

/* 非阻塞式调用*/
if (mb->entry == mb->size && timeout == 0)
{
    rt_hw_interrupt_enable(temp);                    ②

    return -RT_EFULL;
}

/* 邮箱已满*/
while (mb->entry == mb->size)
{
    /* 重置线程错误码*/
    thread->error = RT_EOK; ③.a

    /* 不等待，返回超时*/
    if (timeout == 0)
    {
        /* 启用中断*/
        rt_hw_interrupt_enable(temp);    ③.b

        return -RT_EFULL;
    }

    RT_DEBUG_IN_THREAD_CONTEXT;
    /* 挂起当前线程*/
    rt_ipc_list_suspend(&(mb->suspend_sender_thread),
                    thread,                          ③.c
                    mb->parent.parent.flag);

    /* 存在等待时间，启动线程定时器*/
    if (timeout > 0)
    {
        /* 获取定时器起始 tick 值*/
        tick_delta = rt_tick_get();

        RT_DEBUG_LOG(RT_DEBUG_IPC, ("mb_send_wait: start timer of thread:%s\n",
                                thread->name));
                                                     ③.d
        /* 重置线程定时器超时时间并启动*/
        rt_timer_control(&(thread->thread_timer),
                    RT_TIMER_CTRL_SET_TIME,
                    &timeout);
        rt_timer_start(&(thread->thread_timer));
    }
```

```
    /* 启用中断*/
    rt_hw_interrupt_enable(temp);

    /* 系统调度 */
    rt_schedule(); ③.e

    /* 从挂起状态恢复*/
    if (thread->error != RT_EOK)
    {
        /* 返回超时*/                    ③.f
        return thread->error;
    }

    /* 关闭中断*/
    temp = rt_hw_interrupt_disable();

    /*如果它不是永远在等待，则重新计算超时时刻*/
    if (timeout > 0)
    {
        tick_delta = rt_tick_get() - tick_delta;
        timeout -= tick_delta;          ③.g
        if (timeout < 0)
            timeout = 0;
    }
}

/* 设置 ptr */
mb->msg_pool[mb->in_offset] = value;
/* 增加输入偏移*/
++ mb->in_offset;                        ④
if (mb->in_offset >= mb->size)
    mb->in_offset = 0;

if(mb->entry < RT_MB_ENTRY_MAX)
{
    /* 增加信息数目*/
    mb->entry ++;
}
else                                     ⑤
{
    rt_hw_interrupt_enable(temp); /* 启用中断*/
    return -RT_EFULL; /* 值溢出*/
}
```

```
/* 恢复被挂起的线程*/
if (!rt_list_isempty(&mb->parent.suspend_thread))
{
    rt_ipc_list_resume(&(mb->parent.suspend_thread));

    /* 启用中断*/
    rt_hw_interrupt_enable(temp);

    rt_schedule();

    return RT_EOK;
}

/* 启用中断*/
rt_hw_interrupt_enable(temp);

return RT_EOK;
}
```

⑥

表 6.5　rt_mb_send_wait()函数的参数及含义

参　　数	含　　义
mb	邮箱控制块指针
value	32 位邮件内容
timeout	超时时间

代码段①：检查参数。

代码段②：如果邮箱已满且邮件发送请求为不等待，则立即返回-RT_EFULL。

代码段③.a：如果邮箱已满，则一直进行该循环。重置线程错误码，便于在线程超时或出现其他错误时及时发现。

代码段③.b：如果不等待或超时时间结束，则返回-RT_EFULL。

代码段③.c：挂起当前线程，并将其挂入 suspend_sender_thread 链表。

代码段③.d：如果设置了超时时间，就设置并开启线程内置的定时器。

代码段③.e：启用一次线程调度。

代码段③.f：如果线程内置定时器超时，就置线程错误码为超时；如果有类似线程错误的情况出现，就立即退出并返回线程错误码。

代码段③.g：如果超时时间还未结束，就更新超时时间。什么情况下会在该线程定时器结束前恢复线程呢？在另一个线程调用 rt_mb_recv()时会释放一些邮件节点，此时会恢复一个被挂起的线程，这时就会在定时器定时结束前恢复被挂起的线程。

代码段④：将邮箱需要接收的邮件内容复制到邮件池的对应邮件中，并将接收位置偏移量前移（++），如果接收位置偏移量到达邮箱末尾（数组最后一位），就让它返回开头。

代码段⑤：如果有效邮件数量未溢出，就使有效邮件数量加 1。

代码段⑥：如果 suspend_thread 链表非空，就将其中的线程按照指定的 FIFO 或优先级方式取出。

6. rt_mb_send ()

此函数为邮件发送函数，用于向邮箱发送一封邮件，可以选择不等待、等待一段时间、阻塞式等待。若发送正常，则返回 RT_EOK；若超时，则返回 RT_ETIMEOUT；若不等待，则返回-RT_EFULL，如代码 6.10 与表 6.6 所示。

代码 6.10　rt_mb_send()函数内容

```
rt_err_t rt_mb_send(rt_mailbox_t mb, rt_ubase_t value)
{
    return rt_mb_send_wait(mb, value, 0);
}
```

表 6.6　rt_mb_send()函数的参数及含义

参　　数	含　　义
mb	邮箱控制块指针
value	32 位邮件内容

从代码中能直接看出，rt_mb_send()函数就是 rt_mb_send_wait()函数的不等待形式。

7. rt_mb_recv ()

此函数为邮件接收函数，用于向邮箱索取一封邮件，可以选择不等待、等待一段时间、阻塞式等待。如果成功接收邮件，则返回 RT_EOK；如果没等到邮件，则返回-RT_ETIMEOUT，如代码 6.11 与表 6.7 所示。

代码 6.11　rt_mb_recv()函数内容

```
rt_err_t rt_mb_recv(rt_mailbox_t mb, rt_ubase_t *value, rt_int32_t timeout)
{
    struct rt_thread *thread;
    register rt_ubase_t temp;
    rt_uint32_t tick_delta;

    /* 检查参数*/
    RT_ASSERT(mb != RT_NULL);                                              ┐
    RT_ASSERT(rt_object_get_type(&mb->parent.parent) == RT_Object_Class_MailBox);  ┘ ①

    /* 初始化 tick_delta*/
    tick_delta = 0;
    /* 获取当前线程控制块*/
    thread = rt_thread_self();
    RT_OBJECT_HOOK_CALL(rt_object_trytake_hook, (&(mb->parent.parent)));
```

```
/* 关闭中断*/
temp = rt_hw_interrupt_disable();

/* 非阻塞式调用*/
if (mb->entry == 0 && timeout == 0)
{
    rt_hw_interrupt_enable(temp);              ②

    return -RT_ETIMEOUT;
}

/* 邮箱为空*/
while (mb->entry == 0)
{
    /* 重置线程错误码*/
    thread->error = RT_EOK;

    /* 不等待，返回超时*/
    if (timeout == 0)
    {
        /* 启用中断*/
        rt_hw_interrupt_enable(temp);

        thread->error = -RT_ETIMEOUT;

        return -RT_ETIMEOUT;
    }                                                        ③

    RT_DEBUG_IN_THREAD_CONTEXT;
    /* 挂起当前线程*/
    rt_ipc_list_suspend(&(mb->parent.suspend_thread),
                        thread,
                        mb->parent.parent.flag);

    /* 有等待时间, 启动线程定时器*/
    if (timeout > 0)
    {
        /* 获取定时器起始 tick 值*/
        tick_delta = rt_tick_get();

        RT_DEBUG_LOG(RT_DEBUG_IPC, ("mb_recv: start timer of thread:%s\n",
                                    thread->name));
```

```
            /*重置线程定时器超时时刻并启动它 */
            rt_timer_control(&(thread->thread_timer),
                             RT_TIMER_CTRL_SET_TIME,
                             &timeout);
            rt_timer_start(&(thread->thread_timer));
        }

        /* 启用中断*/
        rt_hw_interrupt_enable(temp);

        /* 系统调度 */
        rt_schedule();

        /* 从挂起状态恢复*/
        if (thread->error != RT_EOK)
        {
            /* 返回错误码*/
            return thread->error;
        }

        /* 关闭中断*/
        temp = rt_hw_interrupt_disable();

        /*如果它不是永远在等待，则重新计算超时时刻*/
        if (timeout > 0)
        {
            tick_delta = rt_tick_get() - tick_delta;
            timeout -= tick_delta;
            if (timeout < 0)
                timeout = 0;
        }
    }

/*填充指针 */
*value = mb->msg_pool[mb->out_offset];④

/* 增加输出偏移*/
++ mb->out_offset;
if (mb->out_offset >= mb->size)
    mb->out_offset = 0;

/* 减少信息数目*/
if(mb->entry > 0)
{
    mb->entry --;
}
```

③

⑤

⑥

```
/* 恢复被挂起的线程*/
if (!rt_list_isempty(&(mb->suspend_sender_thread)))
{
    rt_ipc_list_resume(&(mb->suspend_sender_thread));

    /* 启用中断*/
    rt_hw_interrupt_enable(temp);

    RT_OBJECT_HOOK_CALL(rt_object_take_hook, (&(mb->parent.parent)));

    rt_schedule();

    return RT_EOK;
}

/* 启用中断*/
rt_hw_interrupt_enable(temp);

RT_OBJECT_HOOK_CALL(rt_object_take_hook, (&(mb->parent.parent)));

return RT_EOK;
}
```

⑦

表 6.7　rt_mb_recv()函数的参数及含义

参　　数	含　　义
mb	邮箱控制块指针
value	32 位邮件的指针，用于传递邮件内容
timeout	超时时间

　　由于 rt_mb_recv()函数与 rt_mb_send_wait()函数在结构上几乎一致，因此只对 rt_mb_recv()函数做简要介绍（如果读者已经从本书开头看到这里了，相信已经能够独立地看懂源码了）。

　　代码段①：检查参数。

　　代码段②：如果邮箱为空且不等待，则返回超时错误。

　　代码段③：如果邮箱为空，则循环执行超时时间判断、定时器设置、系统调度、检查错误码、更新超时时间的操作。

　　代码段④：将邮件内容复制到 value 地址对应的内存单元上。

　　代码段⑤：更新 out_offset 偏移量。

　　代码段⑥：更新有效邮件数量。

　　代码段⑦：如果存在因无法发送邮件而被挂起的线程，就恢复相应线程，使其能够继续发送邮件。

8．rt_mb_control()

　　此函数为邮箱控制函数，与消息队列等控制函数一样，能执行重置操作，将邮箱恢复至初始化的状态。

6.3.3 注意事项

在使用邮箱时只能传输 4 字节的内容，有办法增加传输长度吗？可以定义一个结构体，动态申请变量，即取即用，以结构体的地址作为邮件内容，并且在使用完毕后释放对应的动态内存，就能达到既高效又节省内存的效果（代码 6.12 选自 RT-Thread 官方编程手册）。

代码 6.12   自定义长度信息的邮件结构体

```
struct msg {
    rt_uint8_t *data_ptr;
    rt_uint32_t data_size;
};
```

data_ptr 为指向信息头的指针，data_size 为自定义的信息长度。示例如代码 6.13 和代码 6.14 所示。

代码 6.13   自定义长度信息的邮件发送实例

```
struct msg* msg_ptr;

msg_ptr = (struct msg*)rt_malloc(sizeof(struct msg)); /*动态申请邮件结构体*/
msg_ptr->data_ptr = ...; /*指向相应的数据块地址*/
msg_ptr->data_size = len; /*数据块的长度*/
/*发送这个消息指针给 mb 邮箱*/
rt_mb_send(mb, (rt_uint32_t)msg_ptr);
```

代码 6.14   自定义长度信息的邮件接收实例

```
struct msg* msg_ptr;
if (rt_mb_recv(mb, (rt_uint32_t*)&msg_ptr) == RT_EOK)
{
/*在接收线程处理完毕后，需要释放相应的内存块*/
rt_free(msg_ptr);
}
```

使用自己创建的信息内容，将首地址和长度赋值给 msg_ptr，以此发送邮件给邮箱，就能满足需求。

6.4   事件实验

事件实验如代码 6.15 所示。

代码 6.15   事件实验

```
#define LED_THREAD_STACK_SIZE 512
#define KEY_THREAD_STACK_SIZE 512
rt_timer_t eve_500ms;
rt_event_t eve;

//定时器超时函数
void eve_500ms_timeout(void *arg)
{
```

```
        rt_event_send(eve,1<<5);
}

/*LED 闪烁函数*/
void led_thread_entry(void *arg)
{
    rt_err_t eve_err;

    while(1)
    {
eve_err =
rt_event_recv(eve,1<<4|1<<5,RT_EVENT_FLAG_AND|RT_EVENT_FLAG_CLEAR,
RT_WAITING_FOREVER,RT_NULL);

        if(eve_err == RT_EOK)
        {
            bsp_LedOn(2);
            rt_thread_mdelay(500);
            bsp_LedOff(2);
        }
    }
}

/*创建 KEY 线程*/
void key_thread_entry(void*arg)
{
    static uint8_t keyscan;

    while(1)
    {
        bsp_KeyScan10ms();
        rt_thread_mdelay(10);
        keyscan = bsp_GetKey();
        if(keyscan != KEY_NONE)
        {
            if(keyscan == KEY_1_DOWN)
            {
                rt_event_send(eve,1<<4);
            }
        }
    }
}

int main(void)
{
    /*关闭调度器*/
    rt_enter_critical();

    rt_thread_t key,led;
    /*创建并启动 KEY 线程*/
```

```
    key = rt_thread_create("KEY",key_thread_entry,RT_NULL,KEY_THREAD_STACK_SIZE,12,0);
    if(key != RT_NULL)
    {
        rt_kprintf("thread KEY create successfully\n");
        rt_thread_startup(key);
    }else{
        rt_kprintf("thread KEY create failed\n");
    }

    /*创建并启动 LED 线程*/
    led = rt_thread_create("led",led_thread_entry,RT_NULL,LED_THREAD_STACK_SIZE,14,0);
    if(led != RT_NULL)
    {
        rt_kprintf("thread LED create successfully\n");
        rt_thread_startup(led);
    }else{
        rt_kprintf("thread LED create failed\n");
    }

    /*创建事件集 EVE*/
    eve = rt_event_create("EVE",RT_IPC_FLAG_FIFO);
    if(eve != RT_NULL)
    {
        rt_kprintf("event eve create successfully\n");
    }else{
        rt_kprintf("event eve create failed\n");
    }

/*创建并启动定时器 eve_500ms*/
    eve_500ms=rt_timer_create("eve_500ms",eve_500ms_timeout,RT_NULL,500,RT_TIMER_FLAG_PERIO
DIC|RT_TIMER_FLAG_HARD_TIMER);
    rt_timer_start(eve_500ms);

    /*开启调度器*/
    rt_exit_critical();
}
```

该实验通过一个 500 毫秒的定时器定时发送事件 1<<5，按键线程接收按键信号并发送事件 1<<4，LED 线程通过"与"逻辑接收这两个事件，每接收一次，LED 就闪烁一次，以此达到按键可控的间隔周期最少为 500ms 的 LED 闪烁。

6.5 邮箱实验

邮箱实验如代码 6.16 所示。

代码 6.16 邮箱实验

```
FONT_T tFont12;                              /*定义一个文字结构体变量，用于设置文字参数*/
void set_font(void)
{
    tFont12.FontCode = FC_ST_12;             /*文字代码 12 点阵*/
```

```
        tFont12.FrontColor = CL_RED;          /*文字颜色*/
        tFont12.BackColor = CL_GREEN;         /*文字背景颜色*/
        tFont12.Space = 0;                    /*文字间距，单位为像素*/
}

#define UART_THREAD_STACK_SIZE 512
#define LCD_THREAD_STACK_SIZE 512
#define KEY_THREAD_STACK_SIZE 512
rt_thread_t lcd;

struct msg {
rt_uint8_t *data_ptr;
rt_uint32_t data_size;
};

rt_mailbox_t uart2lcd;

/*创建 LCD 线程*/
void lcd_thread_entry(void *arg)
{
    struct msg *words;
    while(1)
    {
        char str[30];
        set_font();
        if(rt_mb_recv(uart2lcd,(rt_ubase_t*)&words,RT_WAITING_FOREVER) == RT_EOK)
        {
            LCD_ClrScr(CL_BLUE);
            LCD_SetBackLight(BRIGHT_DEFAULT);
            sprintf(str,"data receive:%s",words->data_ptr);
            LCD_DispStr(5, 5, str, &tFont12);
        }
    }
}

void rec_uart_entry(void *arg)
{
    static uint8_t str[20];
    struct msg words;
    while(1)
    {
        rt_uint8_t err = 1;
        rt_uint8_t cnt = 0;
        rt_uint8_t temp = '\0';
        err = comGetChar(COM1,&temp);
        while(err == 1)
        {
            str[cnt] = temp;
            cnt++;
            err = comGetChar(COM1,&temp);
```

```
        }
        str[cnt]='\0';

        if(cnt == 0)
        {
            rt_thread_mdelay(500);
        }else{
            words.data_ptr = str;
            words.data_size = cnt;
            rt_mb_send(uart2lcd,(rt_ubase_t)&words);
        }
    }
}
int main(void)
{
    /*关闭调度器*/
    rt_enter_critical();

    /*启动 LCD 线程*/
    lcd = rt_thread_create("LCD",lcd_thread_entry,RT_NULL,LCD_THREAD_STACK_SIZE,13,0);
    if(lcd != RT_NULL)
    {
        rt_kprintf("thread REC_UART create successfully\n");
        rt_thread_startup(lcd);
    }else{
        rt_kprintf("thread REC_UART create failed\n");
    }

    rt_thread_t uart_rec;
    /*创建并启动 uart_rec 线程*/
    uart_rec=rt_thread_create("UART_REC",rec_uart_entry,RT_NULL,UART_THREAD_STACK_SIZE,14,0
);
if(uart_rec != RT_NULL)
    {
        rt_kprintf("thread UART_REC create successfully\n");
        rt_thread_startup(uart_rec);
    }else{
        rt_kprintf("thread UART_REC create failed\n");
    }

    /*创建 UART2LCD 邮箱*/
    uart2lcd = rt_mb_create("UART2LCD",20,RT_IPC_FLAG_FIFO);

    rt_thread_startup(lcd);
    rt_thread_startup(uart_rec);

    /*开启调度器*/
    rt_exit_critical();
}
```

　　该实验串口接收数据，通过 uart_rec 线程扫描式地接收数据，将接收的数据存到 msg 结构体的变量中，将 msg 类型的变量地址发送至邮箱，LCD 阻塞式地接收邮件，将内容显示在屏幕上。

6.6　小结与思考

　　本章介绍事件和邮箱两个 IPC 模块。邮箱的邮件内容大小固定为 4 字节，与指针的大小一致，其效率比消息队列的效率高。事件集可以实现线程一对多、多对多的通信，并能指定事件的"或""与"运算，在嵌入式编程中有着极为广泛的应用。

　　试思考：

　　① 如何用邮箱发送大小可变的信息？

　　② 事件与信号量有何异同？

　　③ 本书 IPC 内容已介绍完毕，读者有没有发现，消息队列与邮箱在收送信息时，都有一个 while 循环来反复检查是否有空闲信息块或是否有有效信息块；而对于信号量、互斥量、事件来说，整个 take()函数或 release()函数完全是线性的，不存在循环检查，这是为什么呢？（提示：考虑其他高优先级线程的抢断，以及 entry 与信号值在收放时的区别）

第 7 章　内存管理

7.1　内存管理简介

7.1.1　存储空间简介

不论是单片机，还是一般的计算机，在存储结构上一般都分为内部存储空间与外部存储空间。内部存储空间访问速度较快，可以直接与 CPU 进行通信，用于临时信息的存储，如 CPU 计算的中间数据、变量或需要调用的外部存储空间数据，都是通过内部存储空间传递的。在存储结构上，内部存储空间可以按照变量地址进行随机访问，被称为 RAM（随机存取存储器），也称为内存。外部存储空间访问速度较慢，用于存储需要长期保存的数据，因为自带电池，故系统断电后也不会丢失数据，被称为 ROM（只读存储器），也称为外存。在单片机中，经常遇到用 Flash 代替 ROM 的情况。

7.1.2　存储空间布局

如果使用 Keil-MDK 进行编程，在编程完毕后，"Build Output"对话框中会有图 7.1 所示的编译信息。

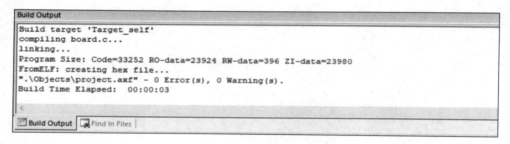

图 7.1　编译信息

在图 7.1 中，Code、RO-data、RW-data、ZI-data 是编译后不同类型的内存空间分配数据，含义如下。

Code：代码段，整个工程代码在编译后就在这段中。

RO-data（Read-Only data）：只读数据段，用于存放常量（Constant）。

RW-data（Read-Write data）：读写数据段，用于存放已经初始化的全局变量。

ZI-data（Zero-Initialize data）：0 数据段，用于存放定义了但初始化为 0 的或未初始化的全局变量（事实上，对于全局变量来说，未初始化的变量都会被自动赋初始值 0）。除此之外，在 STM32 中，系统堆栈也在此数据段中。

这些数据会随着烧录文件进入 STM32 的 Flash（用作 ROM），烧录文件又被称为可执行映像文件（Image 文件），一般为.hex 或.bin 文件，这种文件由 RO 段和 RW 段组成。

RO 段 ＝ Code + RO-data

RW 段 = RW-data

烧录后，存储结构如图 7.2 所示。

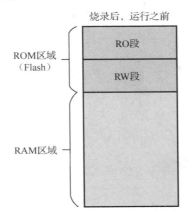

图 7.2　烧录后的存储结构

ZI-data 不在存储区域中，这是因为 ZI-data 在运行后初始值都是 0，这些"0"数据不占用 ROM 区域，在运行时将对应 RAM 区域的值清零即可。

STM32 默认从 Flash 启动，在程序运行时，存储区域会发生什么变化呢？

RW 段内容被复制进 RAM，同时，ZI-data 的变量也会在 RAM 中被创建，包含在 ZI 段内。RO 段的内容不会被调入 RAM 区域，程序和常量都在运行时直接从 Flash 中取用，如图 7.3 所示。

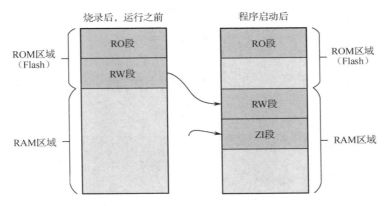

图 7.3　程序启动前后存储空间的变化

7.1.3　堆栈

栈用来存放局部变量、函数参数值等数据，有着先进先出的队列式结构，由系统自动对数据进行压栈、出栈管理。堆用来存放用户主动申请的内存块，系统不会主动释放，需要用户对申请的内存块进行主动释放操作。

前文提到了线程栈、内存动态申请等内容，这些知识和 C 语言堆栈知识有何异同？

1. 系统堆与 RT-Thread 的堆

在 C 语言相关操作中，有一些动态内存操作函数，如 malloc()、calloc()等。在 STM32 中，包含了 stdlib.h 头文件的都是可以使用的。那么问题来了，RT-Thread 中也有 rt_malloc() 等函数，这些动态内存操作函数与包含 stdlib.h 的动态内存操作函数有区别吗？如果有，是什么区别呢？

区别肯定是有的，而且还不小。下面将 RT-Thread 的堆简称为 RT 堆。

在 STM32 裸机开发中，我们使用的只有系统堆，其大小在启动文件中定义。

图 7.4 为系统堆的大小定义，此处堆的大小为 0x500，由于字节对齐及堆管理会产生一些额外的信息开销，故实际可申请的动态内存大小比 0x500 小一些。

图 7.4　系统堆的大小定义

在加入 stdlib.h 头文件后，使用相应的 malloc()等函数时，申请的动态内存就是从系统堆中获取的。事实上，系统堆在内存中位于 ZI-data 内。

在 RT-Thread 中，系统堆与 RT 堆同时存在，RT 堆的位置与版本相关。

（1）对于 RT-Thread nano 来说，RT 堆是一个未初始化的全局变量，在内存中位于 ZI-data 内，并且大小可以通过 RT_HEAP_SIZE 宏自定义，如代码 7.1 所示。

代码 7.1　RT-Thread nano 中的 RT 堆定义

```
#define RT_HEAP_SIZE (15*1024)
static rt_uint8_t rt_heap[RT_HEAP_SIZE];
```

（2）对于 RT-Thread master 及标准版来说，RT 堆是从 ZI 段末尾到 RAM 区域结束的全部内存区域，如图 7.5 所示。

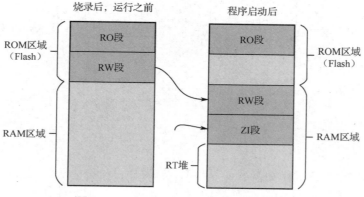

图 7.5　RT-Thread master 中的 RT 堆位置

因此，RT-Thread 标准版、master、smart 等版本的 RT 堆使用剩余的所有 RAM 区域，能够自动调整大小。

本文的主要说明对象是 RT-Thread nano，对 RT-Thread smart 等不做具体阐述。

RT 堆与系统堆同时存在，但在内存中的位置不同，用户在编程时使用的 rt_malloc()函数与 malloc()函数申请的动态内存相互独立，不能超过各自的最大容量。

2．系统栈与线程栈

在裸机开发中，系统使用的栈只有系统栈，其大小在启动文件中定义，如图 7.6 所示。

```
 startup_stm32f429xx.s
46  Stack_Size        EQU      0x00000800
47
48                    AREA     STACK, NOINIT, READWRITE, ALIGN=3
49  Stack_Mem         SPACE    Stack_Size
50  __initial_sp
```

图 7.6　系统栈的大小定义

在图 7.6 中，系统栈大小被定义为 0x00000800。系统栈在内存中位于 ZI-data 内。

线程栈在第 2 章中提过，对于动态线程，线程栈是通过 rt_malloc()创建的，位于 RT 堆内；对于静态线程，线程栈是一个全局变量，一般初始化为 RT_NULL（值为 0），位于 ZI 段内。在作用方面，系统栈与线程栈差别不大，在此不做详述。

3．总结

系统堆、RT 堆、系统栈、线程栈的归纳如表 7.1 所示（基于 RT-Thread nano）。

表 7.1　系统栈、系统堆、RT 堆、线程栈的归纳

	内存中的位置	大　小	作　用
系统堆	ZI 段内	启动文件中定义	malloc()等函数
RT 堆		board.c 中定义	rt_malloc()等函数
系统栈		启动文件中定义	系统自用
线程栈		用户自定义	RT-Thread 自用

7.2　内存管理简介

在 RT-Thread 中编程需要区分动态对象和静态对象，如静态线程、动态线程，以及静态消息队列、动态消息队列等。从具体函数的介绍中可知，动态对象的内存空间都是从系统堆中通过 rt_malloc()等函数借用的。像这样的动态内存分配和收回的操作需要一个内存管理模块进行维护，这就是内存管理的意义。

对于内存管理，实时操作系统的要求往往比通用操作系统的要求更高，有以下几个方面的理由（摘自 RT-Thread 官方手册）。

● 分配内存的时间必须是确定的。一般内存管理算法是，根据需要存储的数据的长度在内存中寻找一个与这段数据相适应的空闲内存块，之后将数据存储在里面。而寻找这样一个空闲内存块所耗费的时间是不确定的，因此对于实时操作系统来说，这是不可接受的，实时操作系统必须保证内存块的分配过程在可预测的确定时间内完成，否则实时任务对外部事件的响应将变得不可确定。

● 随着内存不断被分配和释放，整个内存区域会产生越来越多的碎片（因为在使用过程中申请了一些内存，其中一些被释放了，导致内存空间中存在一些小的内存块），

虽然系统中还有足够的空闲内存，但是它们的地址并不连续，不能组成一块连续的完整内存块，导致程序不能申请到大的内存。对于通用系统而言，这种不恰当的内存分配算法可以通过重新启动系统来解决（每个月或数个月进行一次），但是对于那些需要常年不间断地工作于野外的嵌入式系统来说，就让人无法接受了。

● 嵌入式系统的资源环境也不尽相同，有些系统的资源比较紧张，只有数十千字节的内存可供分配，而有些系统则存在数兆字节的内存，如何为这些不同的系统选择适合它们的高效率的内存分配算法，将变得复杂化。

因此，对于需要实时性较高的嵌入式操作系统来说，合理的内存管理算法是必备的。同时，在内存管理方面，操作系统的合理管理，以及用户对需求、对内存申请动态分配的规划都是很重要的。需要多大的动态内存空间？工程中的哪些变量适合作为动态变量？在什么位置申请、释放动态内存？类似这些问题都是需要考虑的。

7.3　RT-Thread 的内存管理

如果开启了对应的宏，那么 RT-Thread 就会对相应的内存进行内存管理。在 RT-Thread 中，内存管理有两种模式：内存堆管理和内存池管理。

内存堆管理是直接对 RT 堆进行管理，它不是内核对象；而内存池是一个内核对象，它有控制块，并且有静态内存池、动态内存池之分，其管理的内存区间不一定在 RT 堆中。内存堆管理的特征是按需分配，申请多少内存空间就分配与申请量等量的或近似等量的内存空间；而内存池管理的特征是定量分配，不管申请者需要多少动态内存，每次申请都会分配大小恒定的内存空间。

内存堆管理有相应的三种管理算法。

（1）小内存管理算法（适用于内存资源较少的情况）。

（2）slab 内存管理算法（适用于内存资源较丰富且内存空间连续的情况）。

（3）memheap 内存管理算法（适用于内存资源分散的情况）。

在 RT-Thread nano 中，内存堆管理因版本而异，大部分版本都同时具有三种内存管理算法，而小部分版本只保留了小内存管理算法，对于后者，若要使用 slab 内存管理算法和 memheap 内存管理算法，则需要手动添加。

7.4　内存堆管理

内存堆管理有三种管理算法，但同一时间只能使用一种算法。

小内存管理算法适用于内存资源较少的情况，一般应用于内存空间不足 2MB 的系统；slab 管理算法适用于内存资源较丰富且内存空间连续的情况，相当于多个内存池的管理形式；memheap 管理算法适用于内存资源分散的情况，当可用内存空间不连续时，可以通过这种算法将离散的内存空间连接起来形成一个看似一体的大内存空间。

7.4.1　小内存管理算法

当内存较小时，需要避免内存浪费，小内存管理算法是几乎完全的"按需分配"式管理（"几乎"是因为每个内存块都有一个表头，这个表头占据了额外的空间）。下面以大小为 256 字节的内存堆为例，说明小内存管理算法的工作机制。

初始内存堆是一整块未被使用的空间，lfree 空闲链表头指向大小为 256 字节的内存块的表头，如图 7.7 所示。

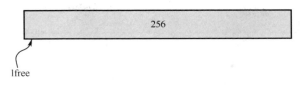

图 7.7　初始内存堆（未考虑表头大小）

此时，某线程申请了一块大小为 32 字节的动态内存，管理器通过 lfree 进行查找，发现此时 lfree 指向的大小为 256 字节的内存块大小足够，就将该内存块分为 32 字节和 224 字节两部分（为了便于说明，以下讲解不考虑表头内存空间），并将大小为 32 字节的内存块分配给线程，如图 7.8 所示。

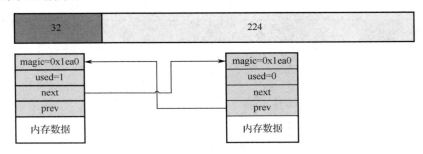

图 7.8　分配 32 字节后内存堆的情况（未考虑表头大小）

RT-Thread 会为每个内存块建立一个表头，用来连接内存块，并标明使用情况。

magic：变数，也称为幻数，每个内存块被划分出来后，magic 都被初始化为 0x1ea0（形似 heap），用以标记此处为一个内存块。同时，magic 是内存保护字，这个区域是不允许用户操作的，如果这个区域被非法篡改，则这块内存数据很可能因非法操作而失效。

used：已经被分配给线程的内存块的 used 为 1，否则为 0。

next、prev：用来指示下一块内存和上一块内存的表头，以将所有内存块连接成一个双向链表。

在图 7.8 的基础上，若有线程接连申请了 24 字节、72 字节的动态内存，那么内存堆的情况就会变成图 7.9。

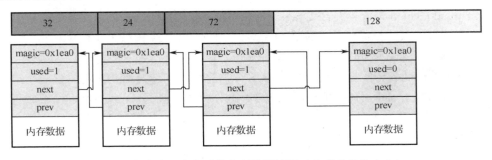

图 7.9　多次分配内存后的内存堆的情况（未考虑表头大小）

如果 72 字节的内存被释放，那么系统会将释放的内存与临近的空闲内存合并，此处将 72 字节与 128 字节合并为 200 字节的空闲内存块，如图 7.10 所示。

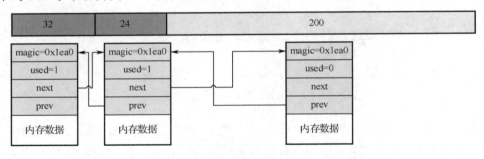

图 7.10　释放 72 字节内存后的内存堆的情况（未考虑表头大小）

若在图 7.9 的基础上释放 24 字节的内存，则内存分配情况如图 7.11 所示。

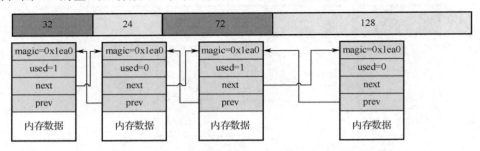

图 7.11　释放中间内存后的内存堆的情况（未考虑表头大小）

那么问题来了，如果此时某个线程申请 140 字节的动态内存，内存堆能够成功分配吗？不能。空闲表头 lfree 依次查找内存块，首先遇到 24 字节的空闲内存块，大小不符合要求，略过；再往下查找，遇到 128 字节的空闲内存块，也不符合要求，再次略过。遍历了内存堆后发现无满足要求的内存块，于是返回"申请失败"的信息。

这就是"**内存碎片**"，哪怕总空闲内存达到了 24+128 = 152 字节的大小，也无法分配 140 字节的动态内存。这些地址不连续的内存碎片会在很大程度上影响内存堆的空间利用效率和动态内存分配效率，这是小内存管理算法的缺点之一。

7.4.2　slab 内存管理算法

RT-Thread 的 slab 分配器是在 DragonFly BSD 创始人 Matthew Dillon 实现的 slab 分配器的基础上，针对嵌入式系统优化的内存分配算法。原始的 slab 算法是 Jeff Bonwick 为 Solaris 操作系统引入的一种高效内核内存分配算法。

RT-Thread 的 slab 分配器实现主要去掉了其中的对象构造及析构过程，保留了纯粹的缓冲型的内存池算法。slab 分配器根据对象的大小分成多个区（zone），也可以看成每类对象有一个内存池。内存池就是一串相同大小的内存块。slab 内存管理算法的内存堆情况如图 7.12 所示。

每个 zone 的大小范围为 32～128KB，其具体大小会在分配器初始化时根据内存堆的大小自适应地调整。每个 zone 内含一个 zone_array 数组，数组成员数量最大为 72，每个数组成员管理一个由链表连接的内存池，最大能分配 16KB 内存堆组成的内存池。

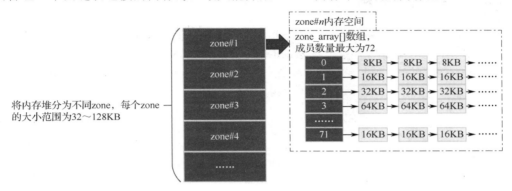

图 7.12　slab 内存管理算法的内存堆情况

在分配内存时，以分配 32 字节内存为例，分配器在 zone_array 中查找 32 字节的内存池（参考图 7.12 中的 zone_array[2]链表），从中寻找空闲内存块：若链表为空，就从页面分配器分配一个新的 zone，并从这个新的 zone 中分配第一个 32 字节的空闲内存块；若链表非空，就将首个内存块分配给申请的线程。

在释放内存时，分配器需要找到被释放的内存块所在的 zone 节点，把被释放的内存块链接到 zone 的空闲内存块链表中。此时如果 zone 空闲链表的所有内存块都已经被释放，即 zone 是完全空闲的，那么当 zone 链表中全空闲的 zone 达到一定数目后，系统就会把这个全空闲的 zone 释放到页面分配器中。

7.4.3　memheap 内存管理算法

当有多个可用内存堆且可用内存堆的地址不连续时，就可以使用 memheap 内存管理算法，该算法将这些分散的内存堆连接起来，黏合成一个整体，使系统便于分配管理。在使用时，只需要将各个分散的内存堆初始化，并使能 memheap，就能快速使用 memheap 内存管理算法。

memheap 内存管理算法的内存堆结构如图 7.13 所示。首先将多块内存加入 memheap_item 链表并进行黏合。当分配内存块时，先从默认内存堆分配内存，当分配不到时，会查找 memheap_item 链表，尝试从其他的内存堆上分配内存块。应用程序不用关心当前分配的内存块位于哪个内存堆上，就像在操作一个内存堆。

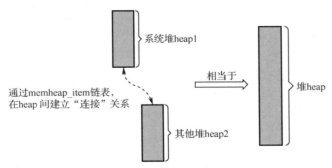

图 7.13　memheap 内存管理算法的内存堆结构

7.4.4　内存堆管理相关函数

使用小内存管理算法，需要在 rtconfig.h 文件中使能宏 RT_USING_HEAP 与 RT_USING_SMALL_MEM；使用 slab 内存管理算法，需要使能 RT_USING_HEAP 与 RT_USING_SLAB；使用 memheap 内存管理算法，需要使能 RT_USING_MEMHEAP，如图 7.14 所示。

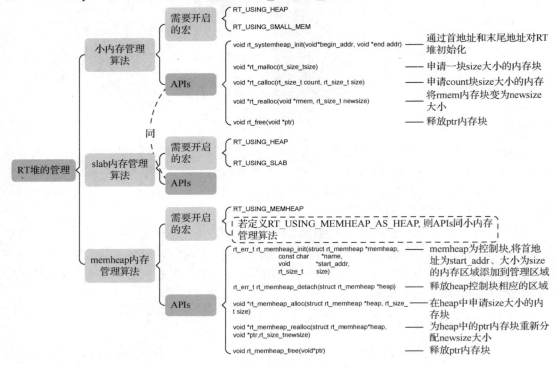

图 7.14　RT 堆的管理

接下来以小内存管理算法为例介绍内存堆管理的具体内容。小内存管理算法的内存结构如图 7.15 所示。

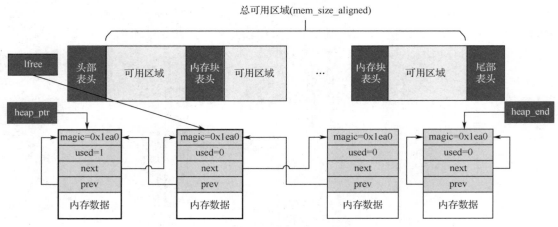

图 7.15　小内存管理算法的内存结构

1. rt_system_heap_init()

此函数为内存堆初始化函数，用来初始化内存堆的信息，包括对齐、创建初始内存块表头、初始化内存堆信号量（保证同一时间只存在一个正在处理的内存堆操作，避免多个内存堆操作同时进行而产生错误）等，如代码 7.2 所示。

代码 7.2　rt_system_heap_init()函数内容

```
void rt_system_heap_init(void *begin_addr, void *end_addr)
{
    struct heap_mem *mem;
    rt_ubase_t begin_align = RT_ALIGN((rt_ubase_t)begin_addr, RT_ALIGN_SIZE);     ┐
    rt_ubase_t end_align   = RT_ALIGN_DOWN((rt_ubase_t)end_addr, RT_ALIGN_SIZE);  ┘①

    RT_DEBUG_NOT_IN_INTERRUPT;

    /* 对齐地址*/
    if ((end_align > (2 * SIZEOF_STRUCT_MEM)) &&                                  ┐
        ((end_align - 2 * SIZEOF_STRUCT_MEM) >= begin_align))                     │
    {                                                                            │
        /* 计算对齐的内存大小*/                                                     │
        mem_size_aligned = end_align - begin_align - 2 * SIZEOF_STRUCT_MEM;       │
    }                                                                            │
    else                                                                         │
    {                                                                            ├②
        rt_kprintf("mem init, error begin address 0x%x, and end address 0x%x\n", │
                   (rt_ubase_t)begin_addr, (rt_ubase_t)end_addr);                │
                                                                                 │
        return;                                                                  │
    }                                                                            ┘

    /* 指向堆的首地址*/
    heap_ptr = (rt_uint8_t *)begin_align;  ③

    RT_DEBUG_LOG(RT_DEBUG_MEM, ("mem init, heap begin address 0x%x, size %d\n",
                               (rt_ubase_t)heap_ptr, mem_size_aligned));

    /* 初始化堆的首地址*/
    mem       = (struct heap_mem *)heap_ptr;                      ┐
    mem->magic = HEAP_MAGIC;                                      │
    mem->next  = mem_size_aligned + SIZEOF_STRUCT_MEM;            ├④
    mem->prev  = 0;                                               │
    mem->used  = 0;                                               ┘
#ifdef RT_USING_MEMTRACE
    rt_mem_setname(mem, "INIT");
#endif

    /* 初始化堆尾*/
    heap_end        = (struct heap_mem *)&heap_ptr[mem->next];    ┐
    heap_end->magic = HEAP_MAGIC;                                 │
    heap_end->used  = 1;                                          ├⑤
    heap_end->next  = mem_size_aligned + SIZEOF_STRUCT_MEM;       │
    heap_end->prev  = mem_size_aligned + SIZEOF_STRUCT_MEM;       ┘
```

```
#ifdef RT_USING_MEMTRACE
    rt_mem_setname(heap_end, "INIT");
#endif

    rt_sem_init(&heap_sem, "heap", 1, RT_IPC_FLAG_FIFO); ⑥

    /*初始化末尾的空闲指针到堆的开始位置 */
    lfree = (struct heap_mem *)heap_ptr; ⑦
}
```

表 7.2　t_system_heap_init()函数的参数及含义

参　　数	含　　义
begin_addr	内存堆的首地址
end_addr	内存堆的末尾地址

代码段①：将初始内存堆的首地址和末尾地址对齐。首地址按 4 字节向上对齐（若不是 4 的倍数，就将其增大至能被 4 整除，如 RT_ALIGN(15,4)为 16），末尾地址按 4 字节向下对齐（若不是 4 的倍数，就将其减小至能被 4 整除，如 RT_ALIGN_DOWN(15,4)为 12），这样就能保证内存堆区域大小是 4 的整数倍，并且不会越界（虽然可能导致实际使用内存比原始内存小，从而造成浪费，但浪费的内存大小也是有限的，最多为 6 字节）。

代码段②：内存堆中始终存在两个表头，一个在堆的头部，首地址为 heap_ptr；另一个在堆的尾部，表头为 heap_end。因此，内存堆的大小至少要大于两个表头大小（SIZEOF_STRUCT_MEM）。如果成立，就计算对齐后的实际可用内存堆大小（实际可用内存堆大小=对齐后末尾地址-对齐后首地址-2 个表头大小）；否则退出。

代码段③：heap_ptr 为全局变量，记录对齐后内存堆的首地址。

代码段④：初始化内存堆的头部表头，表头是 struct heap_mem 类型的结构体，其内容在 7.4.1 节中已介绍过，如代码 7.3 所示。

代码 7.3　内存堆表头结构体

```
struct heap_mem
{
    /* 魔数与 used flag */
    rt_uint16_t magic;
    rt_uint16_t used;
#ifdef ARCH_CPU_64BIT
    rt_uint32_t resv;
#endif

    rt_size_t next, prev;

#ifdef RT_USING_MEMTRACE
#ifdef ARCH_CPU_64BIT
    rt_uint8_t thread[8];
#else
    rt_uint8_t thread[4];    /* 线程名 */
```

```
#endif
#endif
};
```

内存堆的头部表头代表内存堆的第一个内存块，在初始化时内存堆只有一整块未使用的内存块，故 used 为 0（未使用），prev 为 0（指向自己），next 为 mem_size_aligned+SIZEOF_STRUCT_MEM，即可用内存区域加一个表头的位置，也就是末尾表头的首地址，因此 next 指向末尾表头。

代码段⑤：初始化内存堆的末尾表头，heap_end 为末尾表头结构体，也是全局变量。末尾表头始终为已使用状态（used 为 1），并且 prev 与 next 均指向自己。

代码段⑥：初始化内存堆专用的信号量 heap_sem，设置其值为 1 以保证同一时间只有一个线程进行内存堆操作。

代码段⑦：lfree 为空闲内存块查找指针，初始时指向内存堆的头部表头。

对于内存堆初始化函数，查看 board.c 文件会发现，只要使能 RT_USING_USER_MAIN 与 RT_USING_HEAP（使用 main 线程及 RT 堆），系统就在 main 线程的扩展初始化代码中自动调用内存堆初始化函数，而无须手动操作，如代码 7.4 所示。

代码 7.4　board.c 文件中的内存堆自动初始化

```
#if defined(RT_USING_USER_MAIN) && defined(RT_USING_HEAP)
    rt_system_heap_init(rt_heap_begin_get(), rt_heap_end_get());
#endif
```

2．rt_malloc()

此函数为动态内存申请函数，用来从内存堆中申请一整块动态内存。系统会按需求依次查找内存块，直到遇到首个能满足需求的空闲内存块。若该内存块不仅能满足需要的内存空间，剩余的内存空间还能满足最小内存块的大小，就将其拆分。返回内存块可用区域的首地址，若申请失败，则返回 RT_NULL。用户在调用该函数时要按需求转换指针的类型，如代码 7.5 和表 7.3 所示。

代码 7.5　rt_malloc()函数内容

```
void *rt_malloc(rt_size_t size)
{
    rt_size_t ptr, ptr2;
    struct heap_mem *mem, *mem2;

    if (size == 0)           ⎫
        return RT_NULL;      ⎭ ①

    RT_DEBUG_NOT_IN_INTERRUPT;

    if (size != RT_ALIGN(size, RT_ALIGN_SIZE))
        RT_DEBUG_LOG(RT_DEBUG_MEM, ("malloc size %d, but align to %d\n",
                                    size, RT_ALIGN(size, RT_ALIGN_SIZE)));
    else
        RT_DEBUG_LOG(RT_DEBUG_MEM, ("malloc size %d\n", size));
```

```
        /* 对齐大小*/
        size = RT_ALIGN(size, RT_ALIGN_SIZE);  ②

        if (size > mem_size_aligned)
        {
            RT_DEBUG_LOG(RT_DEBUG_MEM, ("no memory\n"));      ③

            return RT_NULL;
        }

        /*每个数据块的长度至少是 MIN_SIZE_ALIGNED*/
        if (size < MIN_SIZE_ALIGNED)
            size = MIN_SIZE_ALIGNED;      ④

        /*读取内存信号量*/
        rt_sem_take(&heap_sem, RT_WAITING_FOREVER);  ⑤

        for (ptr = (rt_uint8_t *)lfree - heap_ptr;
             ptr < mem_size_aligned - size;
             ptr = ((struct heap_mem *)&heap_ptr[ptr])->next)  ⑥
        {
            mem = (struct heap_mem *)&heap_ptr[ptr];  ⑦

            if ((!mem->used) && (mem->next - (ptr + SIZEOF_STRUCT_MEM)) >= size)  ⑧
            {
                /* mem 没有被使用，可实现完整拟合：*/
                /* mem->next - (ptr + SIZEOF_STRUCT_MEM)提供 mem 的 "用户数据大小" */

                if (mem->next - (ptr + SIZEOF_STRUCT_MEM) >=
                    (size + SIZEOF_STRUCT_MEM + MIN_SIZE_ALIGNED))  ⑨
                {
                    ptr2 = ptr + SIZEOF_STRUCT_MEM + size;  ⑩

                    /* 创建 mem2 结构*/
                    mem2       = (struct heap_mem *)&heap_ptr[ptr2];
                    mem2->magic = HEAP_MAGIC;
                    mem2->used = 0;
                    mem2->next = mem->next;
                    mem2->prev = ptr;
#ifdef RT_USING_MEMTRACE
                    rt_mem_setname(mem2, "    ");
#endif

                    /*将其插入 mem 和 mem->next 之间 */
                    mem->next = ptr2;
                    mem->used = 1;

                    if (mem2->next != mem_size_aligned + SIZEOF_STRUCT_MEM)
                    {
                        ((struct heap_mem *)&heap_ptr[mem2->next])->prev = ptr2;
                    }
```
⑪

```
#ifdef RT_MEM_STATS
            used_mem += (size + SIZEOF_STRUCT_MEM);
            if (max_mem < used_mem)
                max_mem = used_mem;                              ⑫
#endif
        }
        else
        {
            /* mem2 结构体不适用于 mem 结构体的用户数据空间，此时将始终使用 mem->next（链表
的下一项）

            * 如果这里有两个未使用的结构体，则 plug_holes()函数可用于处理该问题。
            * 接近匹配或精准匹配的情况下，不要分割；没有创建 mem2 也不能将 mem->next 直接
移动到 mem 后面，因为 mem->next 始终在此时使用
            */
            mem->used = 1;
#ifdef RT_MEM_STATS
            used_mem += mem->next - ((rt_uint8_t *)mem - heap_ptr);   ⑬
            if (max_mem < used_mem)
                max_mem = used_mem;
#endif
        }
        /* 设置内存块魔数*/
        mem->magic = HEAP_MAGIC;  ⑭
#ifdef RT_USING_MEMTRACE
        if (rt_thread_self())
            rt_mem_setname(mem, rt_thread_self()->name);
        else
            rt_mem_setname(mem, "NONE");
#endif

        if (mem == lfree)
        {
            /*如果找到 mem 后的下一个空闲内存块，就更新最低空闲指针 */
            while (lfree->used && lfree != heap_end)
                lfree = (struct heap_mem *)&heap_ptr[lfree->next];    ⑮

            RT_ASSERT(((lfree == heap_end) || (!lfree->used)));
        }

        rt_sem_release(&heap_sem);  ⑯
        RT_ASSERT((rt_ubase_t)mem + SIZEOF_STRUCT_MEM + size <= (rt_ubase_t)heap_end);
        RT_ASSERT((rt_ubase_t)((rt_uint8_t *)mem + SIZEOF_STRUCT_MEM) % RT_ALIGN_SIZE == 0);   ⑰
        RT_ASSERT((((rt_ubase_t)mem) & (RT_ALIGN_SIZE - 1)) == 0);

        RT_DEBUG_LOG(RT_DEBUG_MEM,
                    ("allocate memory at 0x%x, size: %d\n",
                     (rt_ubase_t)((rt_uint8_t *)mem + SIZEOF_STRUCT_MEM),
                     (rt_ubase_t)(mem->next - ((rt_uint8_t *)mem - heap_ptr))));

        RT_OBJECT_HOOK_CALL(rt_malloc_hook,
```

```
                              (((void *)((rt_uint8_t *)mem + SIZEOF_STRUCT_MEM)), size));

        /*返回内存数据，除了 mem 结构 */
        return (rt_uint8_t *)mem + SIZEOF_STRUCT_MEM;      ⑱
      }
    }

  rt_sem_release(&heap_sem);
                                  ⑲
  return RT_NULL;
}
```

表 7.3　rt_malloc()函数的参数及含义

参　数	含　义
size	申请的动态内存大小（字节）

代码段①：如果 size 为 0，则认为是误操作，直接返回 RT_NULL。

代码段②：将 size 按 4 字节对齐，增大至能被 4 整除。

代码段③：如果申请的动态内存大小比可用内存堆大小还要大，则直接返回 RT_NULL。

代码段④：限制 size 的最小值为 MIN_SIZE_ALIGNED，默认为 12 字节。

代码段⑤：取信号量，防止其他线程同一时间进行内存堆操作而引起混乱。

代码段⑥：将 ptr 作为偏移量，以 heap_ptr 为首地址，从头部表头开始进行内存堆查找，通过每个内存块的表头便能将 ptr 作为每个内存块的表头首地址，从而快速访问每个表头。

代码段⑦：取 ptr 所在的表头并记为 mem。

代码段⑧：判断当前内存块是否空闲，并且当前表头的末尾地址与下一个表头的首地址之间的内存大小是否大于申请的内存大小，即当前表头对应的内存块是否能满足需要的内存大小。

代码段⑨：若满足代码段⑧的条件，则说明当前内存块满足内存大小的要求，但如果内存块很大，就需要将内存块进一步拆分，以节省内存空间。相对于代码段⑧，此处追加了一个条件，当前表头的末尾地址与下一个表头的首地址之间的内存大小是否大于 size+SIZEOF_ STRUCT_MEM+MIN_SIZE_ALIGNED 的大小，即当前内存块是否满足额外的表头+最小内存大小，这个额外的内存大小恰好能作为一个独立的内存块。如果满足这个条件，就将当前内存块进行进一步拆分，分解为两个内存块 a 和 b，a 是需要马上被分配的内存块，可用大小为 size；b 是空闲内存块。

代码段⑩：ptr2 是当前内存块拆分后的内存块 b 的首地址。

代码段⑪：创建内存块 b 并将其表头初始化，插入内存块链表，标记内存块 a 为已使用（used 为 1）。

代码段⑫：更新已使用的内存堆空间 used_mem，记录同时使用的最大内存堆空间 max_mem。

代码段⑬：如果当前内存块大小不足以拆分为两个内存块，则直接将此内存块分配出去，标记为已使用（used 为 1）并更新 used_mem 和 max_mem。

代码段⑭：不论内存块空间多大，都设置其幻数为 0x1eap。

代码段⑮：如果 lfree 指针指向的是此次分配出去的内存块 mem，则将 lfree 按内存块向后查找，直到遇到下一个空闲内存块。为什么要这样做呢？因为在代码段⑥中可以看到，lfree 是作为首地址进行空闲内存块查找的，所以，为了提高效率，lfree 必须指向链表中的第一块空闲内存块。

代码段⑯：释放 heap_sem 信号量。

代码段⑰：检查参数，即分配出去的内存块区域不能触及尾部表头，以及分配出去的内存块可用区域首地址和表头地址均需要满足 4 字节对齐条件，否则认为出现了错误。

代码段⑱：返回内存块可用区域的首地址。

代码段⑲：如果没找到内存大小满足要求的空闲内存块，则需要释放信号量，并返回 RT_NULL。

3. rt_calloc()

此函数为多块动态内存申请函数，用来从内存堆中获取多块相同大小的内存块。返回内存块的首地址，若申请失败，则返回 RT_NULL，如代码 7.6 和表 7.4 所示。

代码 7.6　rt_calloc()函数内容

```
void *rt_calloc(rt_size_t count, rt_size_t size)
{
    void *p;

    /*分配大小为 count 的对象 */
    p = rt_malloc(count * size);

    /* 内存清零 */
    if (p)
        rt_memset(p, 0, count * size);

    return p;
}
```

表 7.4　rt_calloc()函数的参数及含义

参　　数	含　　义
count	申请的动态内存块数
size	申请的每一块动态内存大小（字节）

可以看出，rt_calloc()函数直接调用 rt_malloc()函数，并初始化所有分配的动态内存区域为 0。

4. rt_realloc()

此函数为动态内存重分配函数，用来在已分配的动态内存的基础上增加或减小动态内存大小。在使用该函数改变内存分配时，会保留动态内存中的已有数据，但如果重新分配后的动态内存大小比原本的内存大小小，则将末尾的数据截断。该函数返回内存块的首地址，若申请失败，则返回 RT_NULL，如代码 7.7 与表 7.5 所示。

代码 7.7　rt_realloc()函数内容

```
void *rt_realloc(void *rmem, rt_size_t newsize)
```

```
{
    rt_size_t size;
    rt_size_t ptr, ptr2;
    struct heap_mem *mem, *mem2;
    void *nmem;

    RT_DEBUG_NOT_IN_INTERRUPT;

    /* 对齐内存大小*/
    newsize = RT_ALIGN(newsize, RT_ALIGN_SIZE);  ①
    if (newsize > mem_size_aligned)
    {
        RT_DEBUG_LOG(RT_DEBUG_MEM, ("realloc: out of memory\n"));   ②

        return RT_NULL;
    }
    else if (newsize == 0)
    {
        rt_free(rmem);                ③
        return RT_NULL;
    }

    /*分配一个新的内存块 */
    if (rmem == RT_NULL)
        return rt_malloc(newsize);    ④

    rt_sem_take(&heap_sem, RT_WAITING_FOREVER);   ⑤

    if ((rt_uint8_t *)rmem < (rt_uint8_t *)heap_ptr ||
        (rt_uint8_t *)rmem >= (rt_uint8_t *)heap_end)
    {
        /* 非法内存*/
        rt_sem_release(&heap_sem);              ⑥

        return rmem;
    }

    mem = (struct heap_mem *)((rt_uint8_t *)rmem - SIZEOF_STRUCT_MEM);  ⑦

    ptr = (rt_uint8_t *)mem - heap_ptr;
    size = mem->next - ptr - SIZEOF_STRUCT_MEM;   ⑧
    if (size == newsize)
    {
        /* 大小相同*/
        rt_sem_release(&heap_sem);        ⑨

        return rmem;
    }
```

```
      if (newsize + SIZEOF_STRUCT_MEM + MIN_SIZE < size)
      {
          /* 拆分内存块*/
#ifdef RT_MEM_STATS
          used_mem -= (size - newsize);
#endif

          ptr2 = ptr + SIZEOF_STRUCT_MEM + newsize;
          mem2 = (struct heap_mem *)&heap_ptr[ptr2];
          mem2->magic = HEAP_MAGIC;
          mem2->used = 0;
          mem2->next = mem->next;
          mem2->prev = ptr;
#ifdef RT_USING_MEMTRACE
          rt_mem_setname(mem2, "    ");
#endif
          mem->next = ptr2;
          if (mem2->next != mem_size_aligned + SIZEOF_STRUCT_MEM)
          {
              ((struct heap_mem *)&heap_ptr[mem2->next])->prev = ptr2;
          }

          if (mem2 < lfree)
          {
              /* 拆开的内存结构在内存中级别最低*/
              lfree = mem2;
          }

          plug_holes(mem2);    ⑪

          rt_sem_release(&heap_sem);

          return rmem;          ⑫
      }
      rt_sem_release(&heap_sem);   ⑬

      /* 扩展内存*/
      nmem = rt_malloc(newsize);
      if (nmem != RT_NULL) /* 检查内存*/
      {
          rt_memcpy(nmem, rmem, size < newsize ? size : newsize);
          rt_free(rmem);              ⑭
      }

      return nmem;
}
```

⑩

表 7.5　rt_realloc()函数的参数及含义

参　　　数	含　　　义
ptr	已分配的原内存块地址
newsize	重新分配后内存块的大小（字节）

代码段①：将 newsize 按 4 字节对齐。

代码段②：如果 newsize 比整个内存堆的可用区域大，就返回 RT_NULL。

代码段③：如果 newsize 为 0，就释放相应的动态内存，并返回 RT_NULL。

代码段④：如果需要改变大小的内存块 rmem 不存在，就使用 rt_malloc() 函数申请一块 newsize 大小的内存块。

代码段⑤：取信号量，防止其他线程的内存堆操作介入。

代码段⑥：如果 rmem 的位置在整个内存堆区域外，则说明 rmem 内存区域不在 RT 堆的管辖范围内，是非法内存，释放信号量并返回。

代码段⑦：获取 rmem 对应的表头地址，记为 mem。

代码段⑧：获取 rmem 对应的相对内存堆表头 heap_ptr 的偏移量，记为 ptr；获取 rmem 对应的原可用内存区域的大小，记为 size。

代码段⑨：如果可用区域的原大小与 newsize 相等，则无须额外操作，直接释放信号量并返回。

代码段⑩：如果可用区域需要缩小，并且缩小的内存区域能够容纳一个新的内存堆，就将 rmem 区域分为两个内存块，一个是用来保存原内存块变化后的返回值 nmem 的 mem1；另一个是空闲内存块 mem2，用来检查 lfree 指向的内存块相对 mem2 的位置。若 mem2 在 lfree 之前就更新 lfree 的值，使其指向 mem2。

代码段⑪：plug_holes(mem2) 能检查空闲内存块 mem2 的前、后相邻内存块，如果前、后内存块中存在空闲内存块，就将其与 mem2 合并。

代码段⑫：释放信号量并返回 rmem。

代码段⑬：如果不需要缩小 rmem，就释放信号量，允许其他内存堆操作。

代码段⑭：内存区域缩小的情况在上面的代码中已经实现，此处处理的是内存区域扩大的情况。若内存区域扩大，就直接调用 rt_malloc() 函数进行分配，并将原区域的数据复制到新区域，最后释放原区域的内存块。

5. rt_free()

此函数为动态内存释放函数，用来释放已分配的动态内存块，归还至 RT 堆管理器并标记为空闲，如代码 7.8 与表 7.6 所示。

代码 7.8　rt_free() 函数内容

```
void rt_free(void *rmem)
{
    struct heap_mem *mem;

    if (rmem == RT_NULL)
        return;

    RT_DEBUG_NOT_IN_INTERRUPT;                                      ①

    RT_ASSERT((((rt_ubase_t)rmem) & (RT_ALIGN_SIZE - 1)) == 0);
    RT_ASSERT((rt_uint8_t *)rmem >= (rt_uint8_t *)heap_ptr &&
            (rt_uint8_t *)rmem < (rt_uint8_t *)heap_end);
```

```
        RT_OBJECT_HOOK_CALL(rt_free_hook, (rmem));

        if ((rt_uint8_t *)rmem < (rt_uint8_t *)heap_ptr ||
            (rt_uint8_t *)rmem >= (rt_uint8_t *)heap_end)
        {
            RT_DEBUG_LOG(RT_DEBUG_MEM, ("illegal memory\n"));          ②

            return;
        }

        /*获得相应的 heap_mem 结构 */
        mem = (struct heap_mem *)((rt_uint8_t *)rmem - SIZEOF_STRUCT_MEM);   ③

        RT_DEBUG_LOG(RT_DEBUG_MEM,
                    ("release memory 0x%x, size: %d\n",
                     (rt_ubase_t)rmem,
                     (rt_ubase_t)(mem->next - ((rt_uint8_t *)mem - heap_ptr))));


        /*保护堆不受并发访问的影响 */
        rt_sem_take(&heap_sem, RT_WAITING_FOREVER);      ④

        /* 必须处于使用状态 */
        if (!mem->used || mem->magic != HEAP_MAGIC)
        {
            rt_kprintf("to free a bad data block:\n");
            rt_kprintf("mem: 0x%08x, used flag: %d, magic code: 0x%04x\n", mem, mem->used, mem->magic);
        }
        RT_ASSERT(mem->used);                                                  ⑤
        RT_ASSERT(mem->magic == HEAP_MAGIC);
        /* 现在还没有使用 */
        mem->used  = 0;
        mem->magic = HEAP_MAGIC;
#ifdef RT_USING_MEMTRACE
        rt_mem_setname(mem, "    ");
#endif

        if (mem < lfree)
        {
            /*新释放的内存块现在处于级别最低的位置 */    ⑥
            lfree = mem;
        }

#ifdef RT_MEM_STATS
        used_mem -= (mem->next - ((rt_uint8_t *)mem - heap_ptr));  ⑦
#endif

        /*查看上一个和下一个内存块是否也是空闲的 */
        plug_holes(mem);  ⑧
        rt_sem_release(&heap_sem);  ⑨
}
```

表 7.6　rt_free()函数的参数及含义

参　　　数	含　　　义
ptr	已分配的原内存块地址

代码段①：检查参数，释放的内存块可用区域 rmem 不能为无效 RT_NULL，需要满足 4 字节对齐，必须位于内存堆可用区域内。

代码段②：如果 rmem 位于内存堆可用区域外，则认为该内存块非法，直接返回。

代码段③：由 rmem 获得其内存块表头 mem。

代码段④：获取信号量，进行临界资源的处理。

代码段⑤：进一步检查内存块状态的合理性，如果内存堆为空闲状态或幻数非 HEAP_MAGIC，则表示这个内存块未被使用或数据已损坏，输出错误信息；如果内存块状态合理，就将其标记为空闲（used 为 0），并重新赋值幻数。

代码段⑥：如果 lfree 在 mem 之后，就将 lfree 更新，并指向 mem。

代码段⑦：更新 used_mem。

代码段⑧：调用 plug_holes()，检查 mem 前、后是否有空闲内存块，若有，则将其与 mem 合并。

代码段⑨：释放消息量。

6．rt_memory_info()

此函数用于查看 RT 堆的状态：总可用内存量、已使用内存量、最大同时使用的内存量，如代码 7.9 和表 7.7 所示。

代码 7.9　rt_memory_info()函数内容

```
void rt_memory_info(rt_uint32_t *total,
                    rt_uint32_t *used,
                    rt_uint32_t *max_used)
{
    if (total != RT_NULL)
        *total = mem_size_aligned;
    if (used  != RT_NULL)
        *used = used_mem;
    if (max_used != RT_NULL)
        *max_used = max_mem;
}
```

表 7.7　rt_memory_info()函数的参数及含义

参　　　数	含　　　义
total	总可用内存量
used	已使用内存量
max_used	最大同时使用的内存量

7.5　内存池管理

7.5.1　内存池简介

在 RT-Thread 中，内存池和内存堆虽然都是内存管理的模块，但内存池是一个内核对象，即内存池和信号量等对象一样，可以自主创建、删除，并且被对象池管理；而内存堆在初始化后便一直存在。内存堆（尤其是小内存管理算法）在动态内存分配时十分灵活，能够按照需求分配不同大小的内存块，从而最大程度地节约内存开支，提升内存利用率；但其缺点也是很明显的，有如下两点。

（1）分配效率不高。在每次分配内存块时，需要查找大小满足需求的内存块，还要对其进行拆分、设置表头等操作。

（2）容易产生内存碎片。处于中间位置的动态内存被释放后无法与其他空闲内存块合并，大大降低了空闲内存的连续性，减少了空闲内存的可申请大小。

内存池与之相反，每个内存块在初始化时就已被等额划分，这样就能在分配时提高效率，并且也不会产生内存碎片。相应的缺点是，在分配时缺乏灵活性，分配的动态内存大小很可能比实际需求大，从而造成内存浪费。

7.5.2　内存池控制块

和其他内核对象一样，内存池的控制块记录内存池的所有信息，如代码 7.10 所示。

代码 7.10　内存池控制块

```
struct rt_mempool
{
    struct rt_object parent;                    /* 继承自对象信息 */

    void            *start_address;             /* 内存池首地址 */
    rt_size_t        size;                      /* 内存池大小 */

    rt_size_t        block_size;                /* 内存块大小 */
    rt_uint8_t      *block_list;                /* 内存块链表指针 */

    rt_size_t        block_total_count;         /* 内存块总数 */
    rt_size_t        block_free_count;          /* 空闲内存块数量 */

    rt_list_t        suspend_thread;            /* 在此资源上挂起的线程 */
};
```

parent：内核对象信息。

start_address：内存池管理下的内存区域的首地址。

size：内存池管理下的内存区域的大小。

block_size：每个内存块的大小。

block_list：内存块链表表头指针，始终指向空闲内存块链表的首个内存块表头。

block_total_count：内存块总数。

block_free_count：空闲内存块数量。

suspend_thread：如果有线程申请内存块，而内存池中无空闲内存块，则会将线程挂起并挂入这个链表。

7.5.3　内存池的链表结构

内存池有两个链表：suspend_thread 和空闲消息块链表。前者是一个双向链表，表头是结构体 rt_list_t，在 IPC 模块中已多次讲解过；后者是单向链表，消息队列的消息链表等都是单向链表，这些单向链表的变量类型与双向链表的变量类型十分类似，都是结构体。但在内存池中，单向链表并非结构体，而是直接使用指针。下面对这种形式的链表进行简单讲解。

对于链表来说，表头是十分重要的结构，各个节点通过表头连接在一起，既然每个表头都需要存储下一个表头的信息，那么自然就会想到使用指针类型的变量作为表头，如使用 uint8_t* 类型。那么，如何才能进行连接操作呢？假设有两个表头 ptr_a 与 ptr_b，如代码 7.11 所示。

代码 7.11　两个单向链表表头

```
uint8_t* ptr_a, ptr_b;
```

在这种情况下，连接就是读取一个表头的内容，就能得到一个表头的地址，那么试着考虑一下，代码 7.12 中的连接方式正确吗？

代码 7.12　使 ptr_a 指向 ptr_b(误)

```
*ptr_a = ptr_b;
```

不正确，因为等式两边的类型不一样。对于 STM32 来说，左边的*ptr_a 是 8 位的 uint8_t* 类型，而右边的 ptr_b 是 32 位的指针，在存储大小上不匹配。正确的连接形式如代码 7.13 所示。

代码 7.13　使 ptr_a 指向 ptr_b(正)

```
*(uint8_t**)ptr_a = ptr_b;
```

上述代码将 ptr_a 强制转换为 uint8_t*类型。

7.5.4　内存池相关函数

1．rt_mp_init()

此函数为静态内存池初始化函数，用于初始化控制块与内存区域已经定义的（一般为全局变量）内存池。若初始化成功，则返回 RT_EOK；否则返回错误信息，如代码 7.14 与表 7.8 所示。

代码 7.14　rt_mp_init()函数内容

```
rt_err_t rt_mp_init(struct rt_mempool *mp,
                    const char    *name,
                    void          *start,
                    rt_size_t      size,
                    rt_size_t      block_size)
```

```
{
    rt_uint8_t *block_ptr;
    register rt_size_t offset;

    /* 检查参数*/
    RT_ASSERT(mp != RT_NULL);
    RT_ASSERT(name != RT_NULL);                          ①
    RT_ASSERT(start != RT_NULL);
    RT_ASSERT(size > 0 && block_size > 0);

    /* 初始化对象*/
    rt_object_init(&(mp->parent), RT_Object_Class_MemPool, name);  ②

    /* 初始化内存池*/
    mp->start_address = start;  ③
    mp->size = RT_ALIGN_DOWN(size, RT_ALIGN_SIZE);  ④

    /* 对齐内存块大小*/
    block_size = RT_ALIGN(block_size, RT_ALIGN_SIZE);    ⑤
    mp->block_size = block_size;

    /* 对齐总尺寸的字节和总数 */
    mp->block_total_count = mp->size / (mp->block_size + sizeof(rt_uint8_t *));   ⑥
    mp->block_free_count  = mp->block_total_count;

    /*初始化挂起线程列表*/
    rt_list_init(&(mp->suspend_thread));  ⑦

    /* 初始化空闲内存块链表*/
    block_ptr = (rt_uint8_t *)mp->start_address;
    for (offset = 0; offset < mp->block_total_count; offset ++)
    {
        *(rt_uint8_t **)(block_ptr + offset * (block_size + sizeof(rt_uint8_t *))) =    ⑧
            (rt_uint8_t *)(block_ptr + (offset + 1) * (block_size + sizeof(rt_uint8_t *)));
    }

    *(rt_uint8_t **)(block_ptr + (offset - 1) * (block_size + sizeof(rt_uint8_t *))) =RT_NULL;   ⑨

    mp->block_list = block_ptr;  ⑩

    return RT_EOK;
}
```

表 7.8　rt_mp_init()函数的参数及含义

参　　数	含　　义
mp	内存池控制块
name	内存池名称
start	内存管理区域首地址
size	内存管理区域大小
block_size	每个内存块大小

代码段①：检查参数。

代码段②：初始化对象。

代码段③：将内存区域首地址记录至 mp 控制块中。

代码段④：将内存区域大小按 4 字节向下对齐，相当于将其减小至能被 4 整除，如 RT_ALIGN_DOWN(15,4)返回 12。

代码段⑤：将单个内存块大小按 4 字节对齐并记录至 mp 控制块中，相当于将其增大至能被 4 整除，如 RT_ALIGN(15,4)返回 16。

代码段⑥：通过内存区域大小和单个内存块大小计算总内存块数，并设置初始空闲内存块数为总内存块数。此处注意每个内存块都有一个 uint8_t*类型的表头，用于将内存块连接成单向链表。

代码段⑦：初始化 suspend_thread 链表。

代码段⑧：通过偏移量（offset）将每个内存块的表头依次连接，形成单向链表。

代码段⑨：将最后一个内存块的表头指向 RT_NULL。

代码段⑩：初始化时将 block_list 指针指向首个内存块的表头。

初始化完成后，内存池的内存区域情况如图 7.16 所示。

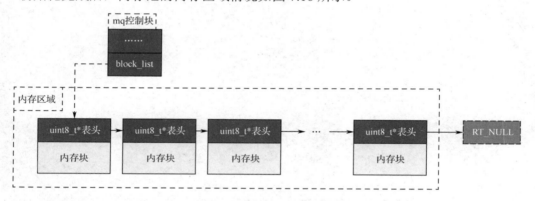

图 7.16　初始化完成后的内存池的内存区域情况

2. rt_mp_create()

此函数为动态内存池创建函数,用来从 RT 堆中申请一块动态内存进行内存池的内存管理。若创建成功，则返回相应的内存池控制块；否则返回 RT_NULL，如代码 7.15 与表 7.9 所示。

代码 7.15　rt_mp_create()函数内容

```
rt_mp_t rt_mp_create(const char *name,
                     rt_size_t   block_count,
                     rt_size_t   block_size);
```

表 7.9　rt_mp_create()函数的参数及含义

参　　数	含　　义
name	内存池名称
block_count	内存块总数
block_size	每个内存块的大小

3. rt_mp_detach()

此函数为静态内存池删除函数，用来删除一个静态内存池。若删除成功，则返回 RT_EOK；否则返回相应错误码，如代码 7.16 与表 7.10 所示。

代码 7.16　rt_mp_detach()函数内容

```
rt_err_t rt_mp_detach(struct rt_mempool *mp);
```

表 7.10　rt_mp_detach()函数的参数及含义

参　　数	含　　义
mp	内存池控制块

4. rt_mp_delete()

此函数为动态内存池删除函数，用来删除一个动态内存池，并释放相应的 RT 堆空间。若删除成功，则返回 RT_EOK；否则返回相应错误码，如代码 7.17 与表 7.11 所示。

代码 7.17　rt_mp_delete()函数内容

```
rt_err_t rt_mp_detach(struct rt_mempool *mp);
```

表 7.11　rt_mp_delete()函数的参数及含义

参　　数	含　　义
mp	内存池控制块

5. rt_mp_alloc()

此函数为内存池动态内存申请函数，用来从内存池中申请一个内存块，如果无空闲内存块，就按照给出的延时时间决定是否将线程挂入 suspend_thread 链表进行等待；如果成功分配到内存块，就返回相应的内存块地址；如果未分配到内存块，就返回 RT_NULL，如代码 7.18 与表 7.12 所示。

代码 7.18　rt_mp_alloc()函数内容

```
void *rt_mp_alloc(rt_mp_t mp, rt_int32_t time)
{
    rt_uint8_t *block_ptr;
    register rt_base_t level;
    struct rt_thread *thread;
    rt_uint32_t before_sleep = 0;

    /* 检查参数*/
    RT_ASSERT(mp != RT_NULL); ①

    /* 获取当前线程控制块*/
    thread = rt_thread_self();

    /* 关闭中断*/
    level = rt_hw_interrupt_disable();

    while (mp->block_free_count == 0)
```

```
{
    /* 内存块不可用 */
    if (time == 0)
    {
        /* 启用中断*/
        rt_hw_interrupt_enable(level);

        rt_set_errno(-RT_ETIMEOUT);              ②

        return RT_NULL;
    }

    RT_DEBUG_NOT_IN_INTERRUPT;

    thread->error = RT_EOK;  ③

    /* 需要挂起线程*/
    rt_thread_suspend(thread);
    rt_list_insert_after(&(mp->suspend_thread), &(thread->tlist));   ④

    if (time > 0)
    {
        /*获取定时器的起始数*/
        before_sleep = rt_tick_get();

        /* 初始化线程定时器并启动*/
        rt_timer_control(&(thread->thread_timer),          ⑤
                        RT_TIMER_CTRL_SET_TIME,
                        &time);
        rt_timer_start(&(thread->thread_timer));
    }

    /* 启用中断*/
    rt_hw_interrupt_enable(level);

    /* 进行一次调度*/
    rt_schedule();  ⑥

    if (thread->error != RT_EOK)      ⑦
        return RT_NULL;

    if (time > 0)
    {
        time -= rt_tick_get() - before_sleep;     ⑧
        if (time < 0)
            time = 0;
    }
    /* 关闭中断*/
    level = rt_hw_interrupt_disable();
}
```

```
    /* 内存块可用，减少空闲内存块数量*/
    mp->block_free_count--;     ⑨

    /* 从内存块链表中获取内存块*/
    block_ptr = mp->block_list;
    RT_ASSERT(block_ptr != RT_NULL);     ⑩

    /* 设置下一个空闲节点 */
    mp->block_list = *(rt_uint8_t **)block_ptr;  ⑪

    /* 指向内存池*/
    *(rt_uint8_t **)block_ptr = (rt_uint8_t *)mp;  ⑫

    /* 启用中断*/
    rt_hw_interrupt_enable(level);

    RT_OBJECT_HOOK_CALL(rt_mp_alloc_hook,
                        (mp, (rt_uint8_t *)(block_ptr + sizeof(rt_uint8_t *))));

    return (rt_uint8_t *)(block_ptr + sizeof(rt_uint8_t *));  ⑬
}
```

表 7.12　rt_mp_alloc()函数的参数及含义

参　　数	含　　义
mp	内存池控制块
time	延时等待时间

　　代码段①：检查参数。

　　代码段②：如果没有空闲内存块且不进行等待，就使用 rt_set_errno(-RT_ETIMEOUT) 将当前线程错误码设为超时，并返回错误码 RT_NULL。

　　代码段③：如果等待时间非 0，即需要进行限时等待或永久等待，就重置线程错误码。

　　代码段④：挂起当前线程，并挂入 suspend_thread 链表。

　　代码段⑤：如果等待时间是有限的，就开启线程内置定时器。

　　代码段⑥：进行一次线程调度。

　　代码段⑦：如果定时器超时，或者出现其他线程错误，就返回 RT_NULL。

　　代码段⑧：如果线程不是因为超时而被唤醒，就更新等待时间；如果其他优先级更高的线程抢走了空闲内存块，就再次启动本线程的定时器。

　　代码段⑨：如果成功分配到空闲内存块，就使空闲内存块计数值减 1。

　　代码段⑩：确认当前内存块指针指向的内存块是有效的，并存至 block_ptr。

　　代码段⑪：让 block_list 指针指向下一个内存块（因为当前内存块马上要被分配出去了）。

　　代码段⑫：以 block_ptr 值为表头的内存块被分配出去，将脱离空闲内存块链表，由于它是链表中的第一个节点，故只需要将其表头指向其他地方即可，具体指向何处呢？指向 mp 是一个很好的选择，可以使得内存块在释放时，直接通过内存块的表头找到相应的内存池控制块，rt_free()的参数只需要内存块的表头地址，而无须将控制块作为参数。所以，此处将 block_ptr 指向控制块 mp 的首地址。

代码段⑬：返回 block_ptr+sizeof(rt_uint8_t*)的值，这个值就是内存块存储区域的首地址。

使用了一次 rt_mp_alloc()函数后，内存池的情况如图 7.17 所示。

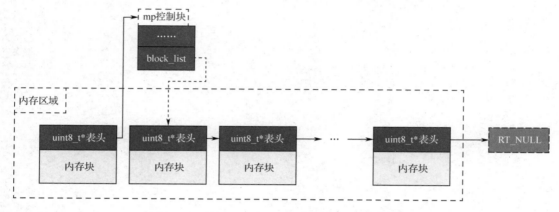

图 7.17　使用 rt_mp_alloc()函数后内存池的情况

6. rt_mp_free()

此函数为内存块释放函数，用来将一个内存块释放回空闲内存块链表，如代码 7.19 与表 7.13 所示。

代码 7.19　rt_mp_free()函数内容

```c
void rt_mp_free(void *block)
{
    rt_uint8_t **block_ptr;
    struct rt_mempool *mp;
    struct rt_thread *thread;
    register rt_base_t level;

    /* 检查参数*/
    if (block == RT_NULL) return; ①

    /*获取该内存块所属池的控制块*/
    block_ptr = (rt_uint8_t **)((rt_uint8_t *)block - sizeof(rt_uint8_t *));  ②
    mp        = (struct rt_mempool *)*block_ptr;

    RT_OBJECT_HOOK_CALL(rt_mp_free_hook, (mp, block));
    /* 关闭中断*/
    level = rt_hw_interrupt_disable();

    /* 增加空闲内存块数量*/
    mp->block_free_count ++; ③

    /*将该内存块链接到内存块链表中 */
    *block_ptr = mp->block_list;
    mp->block_list = (rt_uint8_t *)block_ptr;  ④
```

```
    if (!rt_list_isempty(&(mp->suspend_thread)))
    {
        /* get the suspended thread */
        thread = rt_list_entry(mp->suspend_thread.next,
                               struct rt_thread,
                               tlist);

        /* set error */
        thread->error = RT_EOK;

        /* resume thread */                        ⑤
        rt_thread_resume(thread);

        /* enable interrupt */
        rt_hw_interrupt_enable(level);

        /* do a schedule */
        rt_schedule();

        return;
    }

    /* enable interrupt */
    rt_hw_interrupt_enable(level);
}
```

表 7.13　rt_mp_free()函数的参数及含义

参　　　数	含　　　义
block	内存块的内存区域

代码段①：如果需要释放的内存块不存在，就直接退出。

代码段②：因为参数 block 是内存块的内存区域，所以需要前移 sizeof(uint8_t*)大小的地址长度才能得到该内存块的表头地址，之后赋值给 block_ptr；此处直接将 block_ptr 转换为(rt_uint8_t**)，是为了方便在代码段④中进行链表连接。因为已分配的内存块的表头指向内存池控制块，所以直接通过*block 得到内存块所在的内存池控制块。

代码段③：更新空闲内存块的数量。

代码段④：将释放的内存块接入空闲内存块链表，先将释放的内存块表头指向空闲内存块链表的首个内存块表头（block_list），再将 block_list 更新，指向刚刚接入的内存块。

代码段⑤：如果存在等待空闲内存块的线程，就将其唤醒，恢复就绪状态，并重置线程错误码，进行一次系统调度来切换线程。

7.6　内存管理实验

7.6.1　内存堆管理实验

本实验创建一个按键线程：当按下按键 1 时，从内存堆中申请一个 4 字节的内存块，并存入当前系统时间；当按下按键 2 时，重新分配内存块，将新内存的大小扩大至 8 字节，并且在高 4 字节存入当前系统时间；当按下按键 3 时，释放内存块，并输出内存块中低 4 字节和高 4 字节的时间信息，如代码 7.20 所示。

代码 7.20　内存堆管理实验

```
#define KEY_THREAD_STACK_SIZE 512

void key_thread_entry(void*arg)
{
    static uint8_t keyscan;
    rt_uint8_t* mem = RT_NULL;
    rt_uint8_t* mem_tmp = RT_NULL;

    while(1)
    {
        bsp_KeyScan10ms();
        rt_thread_mdelay(10);
        keyscan = bsp_GetKey();
        if(keyscan != KEY_NONE)
        {
            /* 按下按键 1，申请一个 4 字节的内存块，若分配成功，则存入当前系统时间 */
            if(keyscan == KEY_1_DOWN)
            {
                mem = (rt_uint8_t*)rt_malloc(4);
                if(mem == RT_NULL)
                {
                    rt_kprintf("memory alloc failed");
                }
                else{
                    *(rt_uint32_t*)mem = rt_tick_get();
                    rt_kprintf("memory alloc succeed. \r\n memory addr: 0x%x\r\n ",mem);
                }
            }
        /* 按下按键 2，重分配 mem 内存块，新内存的大小为 8 字节，在高 4 位存入当前系统时间 */
            else if (keyscan == KEY_2_DOWN)
            {
                mem_tmp = rt_realloc(mem, 2*sizeof(rt_uint32_t));
                if(mem_tmp != RT_NULL)
                {
                    if(mem_tmp != mem)
                    {
                        mem = mem_tmp;
                    }
```

```
                    *((rt_uint32_t*)mem + 1) = rt_tick_get();
                    rt_kprintf("memory realloc succeed. \r\n memory addr: 0x%x \r\n",mem);
                }
                else{
                    rt_kprintf("realloc failed.");
                }
            /* 按下按键 3，释放 mem 内存块，并输出存入的时间信息 */
            }else if(keyscan == KEY_3_DOWN)
            {
                if(mem !=RT_NULL)
                {
                    rt_kprintf("memory free prepared. \r\n memory addr: 0x%x \r\n memory
content: %d,%d\r\n",mem,*(rt_uint32_t*)mem,*((rt_uint32_t*)mem+1));
                    rt_free(mem);
                }
            }
        }
    }
}


int main(void)
{
    /* 创建并启动按键线程 */
    rt_thread_t key;
    key = rt_thread_create("KEY",key_thread_entry,RT_NULL,KEY_THREAD_STACK_SIZE,12,0);
    if(key != RT_NULL)
    {
        rt_kprintf("thread KEY create successfully");
        rt_thread_startup(key);
    }else{
        rt_kprintf("thread KEY create failed");
    }
}
```

7.6.2　内存池管理实验

本实验先创建一个内存块数量为 6、内存块大小为 4 字节的内存池，然后创建按键线程，如代码 7.21 所示。当按下按键 1 时，向内存池申请一个内存块，若有空闲的内存块，则存入当前系统时间，并将内存块地址存入 ptr 数组；当按下按键 2 时，按先入后出的顺序释放一个内存块，输出地址、内存内容、当前时间，并释放内存块，若无使用中的内存块，则输出"内存空闲"的信息。

代码 7.21　内存池管理实验

```
#define KEY_THREAD_STACK_SIZE 512
#define block_num 6
rt_uint32_t* ptr[10];
rt_mp_t mp_example;


void key_thread_entry(void*arg)
```

```
{
    static uint8_t keyscan;
    rt_uint32_t* mem = RT_NULL;
    rt_uint32_t* mem2 = RT_NULL;
    rt_uint8_t cnt = 0;
    while(1)
    {
        bsp_KeyScan10ms();
        rt_thread_mdelay(10);
        keyscan = bsp_GetKey();
        if(keyscan != KEY_NONE)
        {
        /* 按下按键 1，从内存池中申请一个内存块，若分配成功，则存入当前系统时间，并将地址存
入 ptr 数组 */
            if(keyscan == KEY_1_DOWN)
            {
                mem = rt_mp_alloc(mp_example,50);
                if(mem == RT_NULL)
                {
                    rt_kprintf("memory full\r\n");
                }
                else{
                    *mem = rt_tick_get();
                    ptr[cnt++] = mem;
                    rt_kprintf("memory  alloc  succeed.\r\n  memory  addr:  0x%x\r\n;used
blocks:%d\r\n",mem,cnt);
                }
            }
            /* 按下按键 2，释放内存块，并输出信息 */
            else if (keyscan == KEY_2_DOWN)
            {
                /* 若无使用中的内存块，则输出"内存空闲"的信息 */
                if(cnt ==0)
                {
                    rt_kprintf("memory is empty\r\n");
                    continue;
                }
                /* 若有使用中的内存块，则输出地址、内容、当前时间，并释放内存块 */
                mem2 = ptr[cnt-1];
                if(mem2 !=RT_NULL)
                {
                    rt_kprintf("memory freed.\r\n memory addr: 0x%x \r\n memory content:
%d;time now:%d\r\n",mem2,*mem2,rt_tick_get());
                    rt_mp_free(mem2);
                    cnt--;
                }
            }
        }
    }
}
```

```
int main(void)
{
    /* 创建并启动按键线程 */
    rt_thread_t key;
    key = rt_thread_create("KEY",key_thread_entry,RT_NULL,KEY_THREAD_STACK_SIZE,12,0);
    if(key != RT_NULL)
    {
        rt_kprintf("thread KEY create successfully");
        rt_thread_startup(key);
    }else{
        rt_kprintf("thread KEY create failed");
    }

    /* 创建内存池 */
    mp_example = rt_mp_create("example", block_num, 4);
}
```

7.7　小结与思考

本章介绍存储空间的布局形式，并重点讲解堆栈在 RT-Thread 中的形式；在此基础上，介绍内存管理在内存堆管理和内存池管理两方面的源码原理，并从控制块和常用函数两方面说明动态内存的使用方法。本章需要重点掌握各函数的使用方法，对其内部源码的理解不做具体要求。

试思考：

① 系统堆与 RT 堆有何区别？

② 全局变量、局部变量、动态变量在内存中如何分布？

③ 内存堆和内存池有何区别？

第 8 章　CPU 利用率

8.1　CPU 利用率和 CPU 利用率计算

8.1.1　CPU 利用率简介

CPU 在运行过程中，系统调度器会实时地切换运行的线程，使 CPU 分时地处理不同线程。那么何为 CPU 利用率？CPU 在运行不同的线程时，除运行主要的功能性程序内容外，还会有一段"无所事事"的时间。比如，一个程序每隔 5ms 刷新一次 LCD，每次刷新 LCD 耗时 1ms，那么每 5ms 内，CPU 有 4ms "无所事事"的时间，这时系统利用率为 20%。所以，CPU 利用率可以用来衡量 CPU 的资源使用情况，亦可用于测试 CPU 的当前性能与所运行的工程内容之间的适配程度。比如，对于同一个工程，使用 CPU1 运行时利用率在 5% 左右，此时 CPU 利用率过低，说明在此工程上使用 CPU1 产生了资源浪费；而此工程在 CPU2 上的利用率为 97%左右，此时 CPU 利用率过高，说明 CPU2 运行此工程比较"乏力"，如果有紧急任务，那么 CPU2 可能无法及时响应。

前文提到，在 RT-Thread 中存在一个空闲线程，当没有高优先级线程就绪时，系统会将 CPU 分配给空闲线程，执行内存回收等操作，这些操作程序对于用户需求的任务内容来说没有实际效果，故将空闲线程执行时间作为 CPU 的"无所事事"的时间，CPU 利用率计算公式如下：

$$\frac{一段时间内总tick数-空闲线程运行的tick数}{一段时间内总tick数}$$

8.1.2　RT-Thread 中的 CPU 利用率计算

根据 RT-Thread 官方给出的例子，需要在工程文件中手动创建并添加两个文件：cpuusage.h 与 cpuusage.c，内容如代码 8.1 和代码 8.2 所示。

代码 8.1　cpuusage.h 文件内容

```
#ifndef __CPUUSAGE_H__
#define __CPUUSAGE_H__
#include <rtthread.h>
#include <rthw.h>

void cpu_usage_init(void); /*初始化*/
void cpu_usage_get(rt_uint8_t *major, rt_uint8_t *minor); /* 获取 CPU 利用率 */

#endif
```

代码 8.2　cpuusage.c 文件内容

```
#include <rthw.h>
#include"cpuusage.h"
```

```
#define CPU_USAGE_CALC_TICK    1000   /* 计算周期 */
#define CPU_USAGE_LOOP         10

static rt_uint8_t  cpu_usage_major = 0, cpu_usage_minor= 0;
static rt_uint32_t total_count = 0;

static void cpu_usage_idle_hook()
{
    rt_tick_t tick;
    rt_uint32_t count;
volatile rt_uint32_t loop;

if (total_count == 0) {
/* 获取中断 tick 数 */
        rt_enter_critical();
        tick = rt_tick_get();
        while (rt_tick_get() - tick < CPU_USAGE_CALC_TICK) {
             total_count ++;
             loop = 0;
             while (loop < CPU_USAGE_LOOP) loop ++;
        }
        rt_exit_critical();
    }

    count = 0;
/*获取 CPU 使用率 */
    tick = rt_tick_get();
while (rt_tick_get() - tick < CPU_USAGE_CALC_TICK) {
        count ++;
        loop  = 0;
        while (loop < CPU_USAGE_LOOP) loop ++;
    }

/* 计算整数、小数部分 */
if (count < total_count) {
        count = total_count - count;
        cpu_usage_major = (count * 100) / total_count;
        cpu_usage_minor = ((count * 100) % total_count) * 100 / total_count;
    } else {
        total_count = count;

        /* 无 CPU 利用率 */
        cpu_usage_major = 0;
        cpu_usage_minor = 0;
    }
}

void cpu_usage_get(rt_uint8_t *major, rt_uint8_t *minor)
{
```

```
    RT_ASSERT(major != RT_NULL);
    RT_ASSERT(minor != RT_NULL);

    *major = cpu_usage_major;
    *minor = cpu_usage_minor;
}

void cpu_usage_init()
{
/* 设置空闲线程钩子函数 */
    rt_thread_idle_sethook(cpu_usage_idle_hook);
}
```

　　cpuusage.c 文件中主要实现了三个函数：cpu_usage_init()、cpu_usage_idle_hook()和 cpu_usage_get()。

1. cpu_usage_init()

　　此函数为 CPU 利用率统计初始化函数，用于通过 rt_thread_idle_sethook()函数为 cpu_usage_idle_hook()函数设置钩子，设置的结果作为钩子函数挂入空闲线程执行程序。钩子函数是开发者在保证内核文件不被修改的同时，为用户留下可以扩展的接口而使用的一种方式。在内核文件中经常能看到这类钩子函数，如内存堆管理中有 rt_malloc_sethook()等钩子初始化函数。为何使用钩子函数呢？可以看到，idle.c、thread.c 这样的系统内核文件都是默认为只读的，这些内核文件一般不允许用户修改，用户的改动可能影响系统的稳定性。所以，为了使用户能够扩展内核的功能，开发者使用钩子函数，如代码 8.3 所示。

代码8.3　cpu_usage_init()函数内容

```
void cpu_usage_init()
{
/* 设置空闲线程钩子函数 */
    rt_thread_idle_sethook(cpu_usage_idle_hook);
}
```

2. cpu_usage_idle_hook()

　　此函数为 CPU 利用率计算钩子函数，用于计算一定时间内的 CPU 利用率，通过两个全局变量 cpu_usage_major、cpu_usage_minor 进行记录：利用率的值为 m.n%的形式，其中，m 的值为 cpu_usage_major（整数部分），n 的值为 cpu_usage_minor（小数部分），如代码 8.4 所示。

代码8.4　cpu_usage_idle_hook()函数内容

```
static void cpu_usage_idle_hook()
{
    rt_tick_t tick;
    rt_uint32_t count;
volatile rt_uint32_t loop;

if (total_count == 0) ①
```

```
{
    /* 获取总计数 */
        rt_enter_critical();
        tick = rt_tick_get();
    while (rt_tick_get() - tick < CPU_USAGE_CALC_TICK)
{
            total_count ++;
            loop = 0;
        while (loop < CPU_USAGE_LOOP) loop ++;
        }
        rt_exit_critical();
    }
    count = 0;
/* 获取 CPU 利用率 */
    tick = rt_tick_get();
while (rt_tick_get() - tick < CPU_USAGE_CALC_TICK)
    {
        count ++;
        loop  = 0;
    while (loop < CPU_USAGE_LOOP) loop ++;
    }

/* 分别计算整数、小数部分*/
if (count < total_count)
    {
        count = total_count - count;
        cpu_usage_major = (count * 100) / total_count;
        cpu_usage_minor = ((count * 100) % total_count) * 100 / total_count;
    } else {
        total_count = count;

    /*无 CPU 利用率 */
    cpu_usage_major = 0;
    cpu_usage_minor = 0;
    }
}
```

②
③
④

代码段①：在 total_count 为 CPU_USAGE_CAL_TICK 时间内，每隔 CPU_USAGE_LOOP 时间的总计数值，相当于 CPU_USAGE_CAL_TICK/CPU_USAGE_LOOP，若为 0，则说明当前系统首次执行此函数，需要校对 total_count 的值。

代码段②：在系统临界段中（关闭系统调度和中断）校对 total_count 的值，因为没有调度，所以这个值可以作为总计数。

代码段③：在非系统临界段中计算 count 的值，这个值可作为在 CPU_USAGE_CAL_TICK 时间内 idle 线程的执行时间。

代码段④：若 count 的值比 total_count 的值小，则说明计数合理，计算 CPU 利用率，整数部分和小数部分分别存于 cpu_usage_major 与 cpu_usage_minor 中；反之，说明系统 tick 周期出现了变化或 CPU 满利用率，需要更新 total_count 的值。

3. cpu_usage_get()

此函数用于返回利用率的计算值。cpu_usage_major 和 cpu_usage_minor 均为全局变量，如代码 8.5 和表 8.1 所示。

代码 8.5　cpu_usage_get()函数内容

```
void cpu_usage_get(rt_uint8_t *major, rt_uint8_t *minor)
{
    RT_ASSERT(major != RT_NULL);
    RT_ASSERT(minor != RT_NULL);

    *major = cpu_usage_major;
    *minor = cpu_usage_minor;
}
```

表 8.1　cpu_usage_get()函数的参数及含义

参　数	含　义
major	用于存取利用率整数部分数据的地址
minor	用于存取利用率小数部分数据的地址

8.2　CPU 利用率实例

本实例在第 2 章多线程管理实例的基础上添加 CPU 利用率的计算。

首先，在 rt_config.h 文件中使能 RT_USING_HOOK 宏，如代码 8.6 所示，就能使用钩子函数了。

代码 8.6　使能 RT_USING_HOOK 宏

```
#define RT_USING_HOOK
```

再往 main.c 文件中添加相关代码，如代码 8.7 所示。

代码 8.7　CPU 利用率实例

```
#include "cpuusage.h"

FONT_T tFont12;              /* 定义一个文字结构体变量，用于设置文字参数 */
uint8_t page;               /*记录页数*/
void set_font(void)
{
    tFont12.FontCode = FC_ST_12;          /* 文字代码 12 点阵 */
    tFont12.FrontColor = CL_RED;          /* 文字颜色 */
    tFont12.BackColor = CL_GREEN;         /* 文字背景颜色 */
    tFont12.Space = 0;                    /* 文字间距，单位为像素 */
}

#define LED_THREAD_STACK_SIZE 512
#define LCD_THREAD_STACK_SIZE 512
#define KEY_THREAD_STACK_SIZE 512
#define CPUUSAGE_THREAD_STACK_SIZE 512
```

```
rt_thread_t lcd;

/* 创建 LED 线程 */
void led_thread_entry(void *arg)
{
    while(1)
    {
        bsp_LedToggle(2);
        rt_thread_mdelay(200);

    }
}
/* 创建 LCD 线程 */
void lcd_thread_entry(void *arg)
{
    while(1)
    {
        char str[20];
        set_font();
        LCD_ClrScr(CL_BLUE);
        LCD_SetBackLight(BRIGHT_DEFAULT);
        sprintf(str,"now in page:%d",page);
        LCD_DispStr(5, 5, str, &tFont12);

        rt_thread_suspend(lcd);
        rt_schedule();
    }
}
/* 创建 KEY 线程 */
void key_thread_entry(void*arg)
{
    static uint8_t keyscan;

    while(1)
    {
        bsp_KeyScan10ms();
        rt_thread_mdelay(10);
        keyscan = bsp_GetKey();
        if(keyscan != KEY_NONE)
        {
            if(keyscan == JOY_DOWN_L || keyscan == JOY_DOWN_R)
            {
                rt_thread_resume(lcd);
                if(keyscan == JOY_DOWN_L)
                {
                    if(page>0) page--;
                }else{
                    if(page<255) page++;
                }
            }
```

```
            }
        }
}


void cpuusage_thread_entry(void *arg)
{
    static rt_uint8_t major,minor;
    while(1)
    {
        cpu_usage_get(&major, &minor);
        rt_kprintf("CPU USAGE RATE: %d.%d\r\n",major,minor);
        rt_thread_delay(1000);
    }
}

int main(void)
{
    /* 关闭系统调度 */
    rt_enter_critical();

    /* 将 idle 中的 CPU 利用率统计函数挂到空闲线程钩子函数下 */
    cpu_usage_init();

    /* 创建并启动 LCD 线程 */
    lcd = rt_thread_create("LCD",lcd_thread_entry,RT_NULL,LCD_THREAD_STACK_SIZE,13,0);
    if(lcd != RT_NULL)
    {
        rt_kprintf("thread LCD create successfully");
        rt_thread_startup(lcd);
    }else{
        rt_kprintf("thread LCD create failed");
    }

    rt_thread_t key,led,cpuusage;
    /* 创建并启动 KEY 线程 */
    key = rt_thread_create("KEY",key_thread_entry,RT_NULL,KEY_THREAD_STACK_SIZE,12,0);
    if(key != RT_NULL)
    {
        rt_kprintf("thread KEY create successfully");
        rt_thread_startup(key);
    }else{
        rt_kprintf("thread KEY create failed");
    }

    /* 创建并启动 LED 线程 */
    led = rt_thread_create("LED", led_thread_entry, RT_NULL, LED_THREAD_STACK_SIZE, 14, 0);
    if(led != RT_NULL)
    {
        rt_kprintf("thread LED create successfully");
```

```
        rt_thread_startup(led);

    }else{
        rt_kprintf("thread LED create failed");
    }

    /* 创建并启动 CPU 利用率计算的线程 */
    cpuusage=rt_thread_create("CPUUSAGE",cpuusage_thread_entry,RT_NULL,CPUUSAGE_THREAD_
STACK_SIZE,16,0);
    if(cpuusage != RT_NULL)
    {
        rt_kprintf("thread CPUUSAGE create successfully");
        rt_thread_startup(cpuusage);
    }else{
        rt_kprintf("thread CPUUSAGE create failed");
    }

    /* 开启系统调度 */
    rt_enter_critical();
}
```

代码加粗部分为添加内容。本实例添加了 cpuusage 线程，用于每隔 1s 输出一次 CPU 利用率数据。

8.3　小结与思考

本章介绍 CPU 利用率的概念和检测方法，提供了具体代码，读者需要在理解检测方法的基础上分析 CPU 利用率，并对自己的工程进行优化。

试思考：

① CPU 利用率是什么？检测这个量有什么意义？

② RT-Thread 中的 CPU 利用率检测是如何实现的？

第 9 章 综合实例

本章实例使用一些 RT-Thread 机制，针对一个特定问题实现 RT-Thread 的综合应用，从而增强读者的编程能力，提升读者对 RT-Thread 的理解和运用熟练度。

9.1 问题简述

设有一个停车场，共有 9 个车位，以坐标(0,0)～(2,2)标示，当一辆车驶入入口时，串口将发送该车的 6 位字符信息，非 6 位字符为无效信息，不予处理。接收到一组有效信息后，LED 闪烁 2s，同时查找空闲位置坐标，安排车辆停放到该位置（可以使用链表的数据结构），并更新停车场的车辆停放情况。

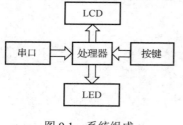

图 9.1 系统组成

使用摇杆按键（包含四向开关和 OK 开关）指示车辆的驶出：按上、下、左、右按键调整车位标记位置，按 OK 开关表示标记位置的车辆驶出停车场，清空车位信息并标记车位空闲。

本实例系统组成如图 9.1 所示。

9.2 问题分析

根据图 9.1，涉及 LCD、LED、串口、按键 4 个模块，为每个模块分别创建线程，使用线程分别对其进行管理。同时，由于各线程间需要进行一些信息交互，为了减少全局变量数量，需要创建一些 IPC，如信号量、邮箱等。

此问题需要对一组固定的车位资源进行管理，因此创建一个全局数组储存车位信息。因为 LCD、串口等线程都需要进行车位信息操作，所以车位信息是一个临界资源，在处理和查询车位信息处添加互斥量进行访问限制。

在 IPC 方面，LCD 要接收按键的偏移信息和串口的字符串信息，由于按键信息单一且需要较快的响应速度，故使用邮箱作为按键至 LCD 的 IPC，串口信息使用消息队列送至 LCD。在有效串口信息传入时，LED 需要闪烁 2s，考虑创建一个信号量，当串口接收有效数据时，释放信号量。LED 线程阻塞式地等待信号量的到来，接收到信号量后进行一次时长 2s 的闪烁，闪烁周期较短，故启用一个定时器来控制 LED 电平翻转，并将其设为自动重载。线程间的联系与 IPC 如图 9.2 所示。

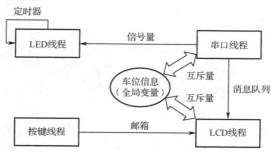

图 9.2 线程间的联系与 IPC

9.3 程序实例

程序实例如代码 9.1 所示。

代码 9.1 综合实例

```
FONT_T tFont12_default;/* 定义一个文字结构体变量，用于设置文字参数 */

char cars[3][3][7];

rt_mq_t uart2lcd;
rt_mailbox_t key2lcd;
rt_sem_t uart2led;
rt_mutex_t car_handle;
rt_timer_t led_twinkle;

void set_font(void)
{
    tFont12_default.FontCode = FC_ST_12;
    tFont12_default.FrontColor = CL_BLACK;
    tFont12_default.BackColor = CL_BLUE;
    tFont12_default.Space = 0;
}

#define LED_THREAD_STACK_SIZE 512
#define LCD_THREAD_STACK_SIZE 512
#define KEY_THREAD_STACK_SIZE 512
#define UART_THREAD_STACK_SIZE 512

/* 创建 LED 线程 */
void led_thread_entry(void* arg)
{
    rt_err_t led_sem_err = RT_NULL;
    while(1)
    {
        led_sem_err = rt_sem_take(uart2led, RT_WAITING_FOREVER);/* 等待UART线程释放信号量 */
        if(led_sem_err == RT_EOK)
        {
            rt_timer_start(led_twinkle);/* 启动定时器，LED 开始闪烁 */
            rt_thread_mdelay(2000);/* LED 闪烁持续 2s */
            rt_timer_stop(led_twinkle);/* 停止定时器，LED 熄灭 */
        }
    }
}

/* LED 闪烁超时函数 */
void led_timeout(void *arg)
{
    bsp_LedToggle(2);/* 翻转电平 */
}
```

```
/* 创建 LCD 线程 */
void lcd_thread_entry(void *arg)
{
    uint8_t str[20];
    uint8_t* pos;
    uint8_t pos_now[2] = {0};
    rt_err_t lcd_mq_err,key_mb_err,car_mux_err;/* IPC 调用的返回值 */
    LCD_DrawCircle(10+100*pos_now[0], 28+40*pos_now[1], 3, CL_RED);  /* 在初始位置做标记 */
    while(1)
    {
        lcd_mq_err = rt_mq_recv(uart2lcd, str, 20, 0);/* 查看串口消息队列数据，不等待 */
        if(lcd_mq_err == RT_EOK)
        {
            /* 在指定位置显示 6 位字符的车牌信息 */
            LCD_DispStr(25+100*(str[0]-'0'), 25+40*(str[1]-'0'), (char*)str+3, &tFont12_
default);
        }

        key_mb_err = rt_mb_recv(key2lcd, (rt_ubase_t*)&pos, 0);/* pos 为从邮箱接收的地址 */
        if(key_mb_err == RT_EOK)
        {
            if(*pos == 3)/* 如果是 3，则说明该位置车辆驶出 */
            {
                car_mux_err = rt_mutex_take(car_handle, 1000);
                /* cars 为临界资源，用互斥量限制 */
                if(car_mux_err == RT_EOK)
                {
                    if(cars[pos_now[0]][pos_now[1]][0] == '\0')
                    {
                        printf("already empty,cannot release\r\n");
                    }else
                    {
                        cars[pos_now[0]][pos_now[1]][0] = '\0';
                        LCD_DispStr(25+100*pos_now[0], 25+40*pos_now[1], "           ",
&tFont12_default);
                    }
                    rt_mutex_release(car_handle);/* 退出临界资源处理程序 */
                }else{
                    printf("some fault may happen.\r\n");
                }
            }else{   /* 如果 pos 小于 3，则说明指示位置发生变化，应更新标记 */
                LCD_DrawCircle(10+100*pos_now[0], 28+40*pos_now[1], 3, CL_BLUE);
                /* 清除当前标记 */
                pos_now[0] = pos[0];/* 更新 pos_now 的 x 分量 */
                pos_now[1] = pos[1];/* 更新 pos_now 的 y 分量 */
                LCD_DrawCircle(10+100*pos_now[0], 28+40*pos_now[1], 3, CL_RED);/* 更新标记*/
            }
        }
        rt_thread_mdelay(100);
```

```
    }
}
/* 创建 KEY 线程 */
void key_thread_entry(void*arg)
{
    static uint8_t keyscan;
    static uint8_t key_pos[2] = {0};
    static uint8_t key_io;
    while(1)
    {
        bsp_KeyScan10ms();
        rt_thread_mdelay(10);
        keyscan = bsp_GetKey();
        if(keyscan != KEY_NONE)
        {
            switch(keyscan)
            {
                case JOY_DOWN_L:/* 按左键，标记左移 */
                    if(key_pos[0] == 0)
                    {
                        key_pos[0] = 2;
                    }else
                    {
                        key_pos[0]--;
                    }
                    rt_mb_send(key2lcd, (rt_ubase_t)key_pos);
                    break;
                case JOY_DOWN_R:/* 按右键，标记右移 */
                    key_pos[0]++;
                    key_pos[0]%=3;
                    rt_mb_send(key2lcd, (rt_ubase_t)key_pos);
                    break;
                case JOY_DOWN_D:/* 按下键，标记下移 */
                    key_pos[1]++;
                    key_pos[1]%=3;
                    rt_mb_send(key2lcd, (rt_ubase_t)key_pos);
                    break;
                case JOY_DOWN_U:/* 按上键，标记上移 */
                    if(key_pos[1] == 0)
                    {
                        key_pos[1] = 2;
                    }else
                    {
                        key_pos[1]--;
                    }
                    rt_mb_send(key2lcd, (rt_ubase_t)key_pos);
                    break;
                case JOY_DOWN_OK:/* 按 OK 键，车辆驶出 */
                    key_io = 3;
```

```
                            rt_mb_send(key2lcd, (rt_ubase_t)&key_io);
                            break;

                    default:
                            break;
                }

            }
        }
}
/* 查找空闲车位，若有，则返回 1；反之，无返回 0 */
uint8_t pos_find(uint8_t* pos)
{
    uint8_t i, j;
    rt_err_t car_mux;
    car_mux = rt_mutex_take(car_handle, 1000);/* 临界资源处理程序 */
    if(car_mux == RT_EOK)
    {
        for(i = 0; i<3; i++)
        {
            for(j = 0; j<3; j++)
            {
                if(cars[i][j][0] == '\0')
                {
                        pos[0]=i;
                        pos[1]=j;
                        rt_mutex_release(car_handle);
                        return 1;
                }
            }
        }
        rt_mutex_release(car_handle);/* 退出临界资源处理程序 */

    }else{
        printf("some fault may happen.\r\n");
        return 0;
    }
}

/* 串口接收线程 */
void rec_uart_entry(void *arg)
{
    static char str[20];
    uint8_t mux_err;
    while(1)
    {
        rt_uint8_t err = 1;
        rt_uint8_t temp = '\0';
        rt_uint8_t cnt = 0;
```

```
        err = comGetChar(COM1,&temp);
        while(err == 1)
        {
            str[cnt] = temp;
            cnt++;
            err = comGetChar(COM1,&temp);
        }
        str[cnt] = '\0';

        if(cnt == 0)/* 无数据，等待 0.5s */
        {
            rt_thread_mdelay(500);
        }else{
            if(strlen(str) == 6)/* 6 位字符，格式有效 */
            {
                rt_sem_release(uart2led);/* 接收有效数据，LED 闪烁 2s */

                uint8_t pos[2] = {0};
                uint8_t find = 0;
                find = pos_find(pos);/* 查找空闲车位及其坐标 */
                if(find)
                {
                    char str1[20];
                    mux_err = rt_mutex_take(car_handle,1000);/* 临界数据处理程序 */
                    if(mux_err == RT_EOK)
                    {
                        sprintf(cars[pos[0]][pos[1]],"%s",str);
                        /* 将信息复制到 cars 指定位置 */
                        rt_mutex_release(car_handle);/* 退出临界数据处理程序 */
                    }
                    sprintf(str1,"%d%d|%s",pos[0],pos[1],str);
                    rt_mq_send(uart2lcd,str1,strlen(str1));

                }else{/* 无空闲车位，输出信息 */
                    printf("already full\r\n");
                }

            }else{/* 不是 6 位字符，输出信息 */
                printf("invalid info\r\n");
            }
        }
    }
}

int main(void)
{
    /* 关闭系统调度 */
    rt_enter_critical();
```

```
    rt_thread_t lcd;
    /* 创建并启动 LCD 线程 */
    lcd = rt_thread_create("LCD",lcd_thread_entry,RT_NULL,LCD_THREAD_STACK_SIZE,12,0);
    if(lcd != RT_NULL)
    {
        rt_kprintf("thread LCD create successfully");
        rt_thread_startup(lcd);
    }else{
        rt_kprintf("thread LCD create failed");
    }

    rt_thread_t key,led;
    /* 创建并启动 KEY 线程 */
    key = rt_thread_create("KEY",key_thread_entry,RT_NULL,KEY_THREAD_STACK_SIZE,11,0);
    if(key != RT_NULL)
    {
        rt_kprintf("thread KEY create successfully");
        rt_thread_startup(key);
    }else{
        rt_kprintf("thread KEY create failed");
    }

    /* 创建并启动 LED 线程 */
    led = rt_thread_create("LED", led_thread_entry, RT_NULL, LED_THREAD_STACK_SIZE, 14, 0);
    if(led != RT_NULL)
    {
        rt_kprintf("thread LED create successfully");
        rt_thread_startup(led);
    }else{
        rt_kprintf("thread LED create failed");
    }

    rt_thread_t uart_rec;
    /* 创建并启动 uart 接收线程 */
    uart_rec = rt_thread_create("UART_REC",rec_uart_entry,RT_NULL,UART_THREAD_STACK_SIZE,13,0);
    if(uart_rec != RT_NULL)
    {
        rt_kprintf("thread UART_REC create successfully\n");
        rt_thread_startup(uart_rec);
    }else{
        rt_kprintf("thread UART_REC create failed\n");
    }

    /* 创建系列 IPC */
    key2lcd = rt_mb_create("KEY_TO_LCD", 5, RT_IPC_FLAG_FIFO);
    uart2lcd = rt_mq_create( "UART_TO_LCD", 20, 5, RT_IPC_FLAG_FIFO);
    car_handle = rt_mutex_create("CAR_HANDLE", RT_IPC_FLAG_FIFO);
    led_twinkle = rt_timer_create("led",led_timeout,RT_NULL,100,RT_TIMER_FLAG_PERIODIC|RT_
TIMER_FLAG_HARD_TIMER);
    uart2led = rt_sem_create("UART_TO_LED", 0, RT_IPC_FLAG_FIFO);
```

```
    /* LCD 亮起 */
    set_font();
    LCD_ClrScr(CL_BLUE);
    LCD_SetBackLight(BRIGHT_DEFAULT);

    /* 开启系统调度 */
    rt_exit_critical();
}
```

9.4　小结与思考

　　本章针对一个具体问题使用 RT-Thread 进行分析与编程，使用诸多 IPC 模块进行线程间通信，大大减少了全局变量的用量，使代码易于维护和阅读。在实例代码中，车位信息被定义在一个 3×3 的数组中，通过遍历数组查找首个未被使用的车位，读者可以尝试建立空闲链表对车位状况进行维护（参考 RT-Thread 消息队列内核代码）。